新时代中国生物多样性与保护丛书

The Series on China's Biodiversity and Protection in the New Era

中国生态学学会　组编

中国典型生态脆弱区
生态治理与恢复

Ecological Management and Restoration in Typically and Ecologically Vulnerable Regions in China

傅伯杰　伍　星　主编

河南科学技术出版社
·郑州·

图书在版编目（CIP）数据

中国典型生态脆弱区生态治理与恢复/中国生态学学会组编；傅伯杰，伍星主编.—郑州：河南科学技术出版社，2022.1

（新时代中国生物多样性与保护丛书）

ISBN 978-7-5725-0506-5

Ⅰ.①中… Ⅱ.①中… ②傅… ③伍… Ⅲ.①生态环境—环境治理—研究—中国②生态恢复—研究—中国 Ⅳ.①X321.2②X171.4

中国版本图书馆CIP数据核字（2021）第123108号

出版发行：河南科学技术出版社
　　　　　地址：郑州市郑东新区祥盛街27号　　邮编：450016
　　　　　电话：（0371）65788629　65788613
　　　　　网址：www.hnstp.cn
选题策划：张　勇
责任编辑：李义坤
责任校对：司丽艳
整体设计：张　伟
责任印制：张艳芳
地图审图号：GS（2021）5514号
地图编制：湖南地图出版社
印　　刷：河南博雅彩印有限公司
经　　销：全国新华书店
开　　本：787 mm×1092 mm　1/16　印张：11.5　字数：153千字
版　　次：2022年1月第1版　　2022年1月第1次印刷
定　　价：86.00元

本书编写人员名单

主　　编：傅伯杰　伍　星

副 主 编：韩兴国　陈亚宁　王克林　周华坤
　　　　　冯晓明　李宗善

参编人员：（按姓氏笔画排序）

王　浩　王　聪　王国梁　王晓峰

白文明　白永飞　朱成刚　孙　建

杨　磊　张　骞　张扬建　张宪洲

陈洪松　邵新庆　岳跃民　周秉荣

信忠保　侯　建　姜　勇　徐文华

高彦春　黄建辉　梁尔源　程玉臣

序言

　　生物多样性是地球上所有动物、植物、微生物及其遗传变异和生态系统的总称。习近平总书记指出："生物多样性关系人类福祉，是人类赖以生存和发展的重要基础。"生物多样性是全人类珍贵的自然遗产，保护生物多样性、共建万物和谐的美丽世界不仅是当前经济社会发展的迫切需要，也是人类的历史使命。

　　我国国土辽阔、海域宽广，自然条件复杂多样，加之较古老的地质史，形成了千姿百态的生态系统类型和自然景观，孕育了极其丰富的植物、动物和微生物物种。

　　我国是全球自然生态系统类型最多样的国家之一，包括森林、灌丛、草地、荒漠、高山冻原与海洋等。在陆地自然生态系统中，有森林生态系统 240 类，灌丛生态系统 112 类，草地生态系统 122 类，荒漠生态系统 49 类，湿地生态系统 145 类，高山冻原生态系统 15 类，共计 683 种类型。我国海洋生态系统主要有珊瑚礁生态系统、海草生态系统、海藻场生态系统、上升流生态系统、深海生态系统和海岛生态系统，以及河口、海湾、盐沼、红树林等重要滨海湿地生态系统。

　　我国是动植物物种最丰富的国家之一。我国为地球上种子植物区系起源中心之一，承袭了北方古近纪、新近纪，古地中海及古南大陆的区系成分。我国有高等植物 3.7 万多种，约占世界总数的 10%，仅次于种子植物最丰富的巴西和哥伦比亚，其中裸子植物 289 种，是世界上裸子植物最多的国家。中国特有种子植物有 2 个特有科，247 个特有属，17 300 种以上的特有种，占我国高等植物总数的 46% 以上。我国还是水稻和大豆的原产地，现有品种分别达 5 万个和 2 万个。我国有药用植物

11 000 多种，牧草 4 215 种，原产于我国的重要观赏花卉有 30 余属 2 238 种。我国动物种类和特有类型多，汇合了古北界和东洋界的大部分种类。我国现有 3 147 种陆生脊椎动物，特有种共计 704 种。包括 475 种两栖类，约占全球总数的 4%，其中特有两栖类 318 种；527 种爬行类，约占全球总数的 4.5%，其中特有爬行类 153 种；1 445 种鸟类，约占全球总数的 13%，其中特有鸟类 77 种；700 种哺乳类，约占全球总数的 10.88%，其中特有哺乳类 156 种。此外，中国还有 1 443 种内陆鱼类，约占世界淡水鱼类总数的 9.6%。我国脊椎动物在世界脊椎动物保护中占有重要地位。

我国保存了大量的古老孑遗物种。由于中生代末我国大部分地区已上升为陆地，第四纪冰期又未遭受大陆冰川的影响，许多地区都不同程度保留了白垩纪、古近纪、新近纪的古老残遗部分。松杉类植物世界现存 7 个科中，中国有 6 个科。此外，我国还拥有众多有"活化石"之称的珍稀动植物，如大熊猫、白鳍豚、文昌鱼、鹦鹉螺、水杉、银杏、银杉和攀枝花苏铁等。

我国政府高度重视生物多样性的保护。自 1956 年建立第一个自然保护区——广东鼎湖山国家级自然保护区以来，我国一直积极地推进自然保护地建设。目前，我国拥有国家公园、自然保护区、风景名胜区、森林公园、地质公园、湿地公园、水利风景区、水产种质资源保护区、海洋特别保护区等多种类型自然保护地 12 000 多个，保护地面积从最初的 11.33 万 km² 增至 201.78 万 km²。其中，陆域不同类型保护地面积 200.57 万 km²，覆盖陆域国土面积的 21%；海域保护地面积约 1.21 万 km²，覆盖海域面积的 0.26%。这对保护我国的生态系统与自然资源发挥了重要作用。同时，我国还积极推进退化生态系统恢复，先后启动与实施了天然林保护、退耕还林还草、湿地保护恢复，以及三江源生态保护和建设、京津风沙源治理、喀斯特地貌生态治理等区域生态建设工程。党的十八大以来，生态保护的力度空前，先后启动了国家公园体制改革、生态保护红线规划、重点生态区保护恢复重大生态工程。我国是全球生态保护恢复规模与投入最大的国家。自进入 21 世纪以来，我国生态系统整体好转，大熊猫、金丝猴、藏羚羊、朱鹮等珍稀濒危物种种群得到恢复和持续增长，生物多样性保护取得显著成效。

时值联合国《生物多样性公约》第十五次缔约方大会（COP15）在中国召开之际，中国生态学学会与河南科学技术出版社联合组织编写了"新时代中国生物多样性与保护丛书"。本套丛书包括《中国植物多样性与保护》《中国动物多样性与保护》《中国生态系统多样性与保护》《中国生物遗传多样性与保护》《中国典型生态脆弱区生态治理与恢复》《中国国家公园与自然保护地体系》和《气候变化的应对：中国的碳中和之路》七个分册，分别从植物、动物、生态系统、生物遗传、生态治理与恢复、国家公园与保护地、生态系统碳中和七个方面系统介绍了我国生物多样性特征与保护所取得的成就。

本丛书各分册作者为国内长期从事生物多样性与保护相关科研工作的一流专家学者，他们不仅积累了丰富的关于我国生物多样性与保护的基础资料，而且还具有良好的国际视野。希望本丛书的出版，可推动社会各界进一步关注我国复杂多样的生态系统、丰富的动植物物种和遗传资源，进而更深入地了解我国生物多样性保护行动与成效，以及我国生物多样性保护对人类发展做出的贡献。

在本丛书即将出版之际，特向河南科学技术出版社及中国生态学学会办公室范桑桑和庄琰的组织联络工作致以衷心的感谢。我国生物多样性极其丰富复杂，加之本丛书策划编撰的时间较短，文中疏漏和错误之处，敬请广大读者指正批评。

中国生态学学会理事长　欧阳志云

2021 年 8 月

前言

　　中国整体生态环境脆弱，是世界上生态脆弱区分布面积最大、脆弱生态类型最多、生态脆弱性表现最明显的国家之一。在长期高强度的人类活动影响下，中国生态脆弱区不仅生态环境问题突出，同时也是经济相对落后、人民生活贫困和生态环境监管薄弱的地区，许多地区形成了生态退化与经济贫困化的恶性循环，严重制约了区域社会和经济发展，威胁国家生态安全与社会和谐发展。由此可见，生态脆弱区不仅是我国重要的生态安全屏障，更是打赢脱贫攻坚战的重要区域，是中国全面建成小康社会、实现美丽中国愿景的重要保障。

　　针对不同生态脆弱区的生态问题，我国从 20 世纪 70 年代以来先后启动了一批重大生态恢复和建设工程，如天然林保护工程、退耕还林还草工程、三北防护林工程、京津风沙源治理工程和退牧还草工程等，不仅有效遏制了生态脆弱区水土流失、石漠化和沙漠化等的扩张趋势，也对我国积极履行《联合国气候变化框架公约》和《生物多样性公约》等重要国际环境条约具有重要意义。

　　党的十八大以来，从"山水林田湖草沙"生命共同体初具规模，到绿色发展理念融入生产生活，再到经济发展与生态改善实现良性互动，以习近平同志为核心的党中央将生态文明建设推向新高度，美丽中国新图景徐徐展开。我们用 30 多年的时间走过了西方发达国家 300 年的发展历程，环境的破坏在所难免，但我们在高速发展阶段已经意识到生态文明在人类发展中的重要性，避免了走"先污染后治理"的弯路，提高了可持续发展能力。

　　为了深入贯彻习近平生态文明思想，深入了解中国生态脆弱区的现状及特征，梳理典型生态脆弱区生态治理与恢复的主要措施及取得的成效，展望典型生态脆弱区未来生态治理与恢复的前景，不仅是提升生态脆弱区生态系统稳定性和促进社会经济健康发展的迫切需求，而且对维护国家生态安全和实现人与自然和谐共生也具有十分重要的意义。

本书共分七章。第一章主要介绍了中国生态脆弱区的现状及特征，系统综述了中国生态脆弱区研究热点与进展，并探讨了中国生态脆弱区研究的趋势与展望。第二章简要介绍了中国典型生态脆弱区的划分，并通过构建典型生态脆弱区生态恢复的综合效益评估指标体系对典型生态脆弱区近几十年来的生态恢复效益进行了综合评估。第三章至第七章分别针对我国北方草原区、黄土高原、西北干旱荒漠区、青藏高寒区和西南喀斯特地区等五个典型生态脆弱区，系统阐述了其相应的生态分区及主要生态问题、目前主要的生态治理与恢复措施和效应、未来生态治理与恢复的前景和展望。

本书各章的撰写主笔分别为：第一章，傅伯杰、伍星、王聪；第二章，冯晓明、王晓峰、王浩；第三章，韩兴国、白永飞、程玉臣、白文明、姜勇、黄建辉；第四章，李宗善、杨磊、王国梁、侯建、信忠保；第五章，陈亚宁、高彦春、朱成刚；第六章，周华坤、徐文华、孙建、张宪洲、张扬建、周秉荣、邵新庆、梁尔源、张骞；第七章，王克林、岳跃民、陈洪松。全书由傅伯杰和伍星统稿和校稿。在本书编写过程中，李金利老师提供了部分照片素材，在此表示感谢。

本书可为从事相关领域的研究和管理人员提供关于我国典型生态脆弱区生态治理与恢复等方面的参考资料。由于编者研究领域和学识的限制，对问题的认识不尽完善，书中不足之处在所难免，敬请读者批评指正。

傅伯杰

2021 年 3 月于北京

目录

第一章

中国生态脆弱区概况

一、中国生态脆弱区的现状及特征

生态脆弱区，或称脆弱生态区、生态交错区（Ecotone），通常是指两种不同类型的生态系统的交界过渡区域，具有生态系统组成结构稳定性差，抵抗外在干扰和维持自身稳定能力弱，边缘效应和环境异质性显著，以及易于发生生态退化且难以自我恢复等特点（刘军会等，2015）。我国地域辽阔，自然地理条件复杂，人类活动历史悠久，使得我国生态脆弱区具有类型多、范围广、时空演化快等特点，同时我国也是世界上生态脆弱区分布面积最大、脆弱生态类型最多、生态脆弱性表现最明显的国家之一。国务院 2010 年底印发的《全国主体功能区规划》表明，我国中度退化以上生态脆弱区面积约占陆地总面积的 55%，其中荒漠化、水土流失、石漠化等主要集中在西北和西南地区，占国土面积的 22% 左右。第五次《全国荒漠化和沙化状况公报》显示，截至 2014 年，全国荒漠化面积约占国土总面积的 27.2%，分布在 18 个省（市、区）。近几十年来，由于气候变化和人为过度干扰等因素的影响，部分生态脆弱区的植被退化趋势明显，土壤侵蚀强度增大，水土流失等问题严重。此外，我国生态脆弱区也是沙尘暴、泥石流、山体滑坡和洪涝灾害等自然灾害的高发地区，每年由此造成的经济损失达数千亿元，并且自然灾害损失率年均递增 9% 左右，普遍高于生态脆弱区的国内生产总值（简称 GDP）增速，从而使得地区贫困不断加剧（曹春香，2017）。

造成我国生态脆弱区生态退化、自然环境脆弱的原因除了生态本底脆弱以外，人类活动的过度干扰也是一个主要原因。我国幅员辽阔，地跨 5 个气候带，并且地形以山地和高原为主，使得我国水热等资源的空间分布极不均匀，从而造成北方大面积土地沙化、南方水蚀岩溶，并伴随着严重的土壤侵蚀。此外，我国以占世界 9% 的耕地、6% 的淡水和 4% 的森林等资源支撑着世界 22% 的人口，人地矛盾突出。如长期过度放牧引起草地退化，过度开垦导致干旱区土地沙化，过量砍伐森林导致自然灾害频发和大面积的水土流失等，而我国长期粗放式的经济增长模式以及薄弱的生态保护意识和监管能力，进一步加剧了生态环境恶化，同时也加大了生态脆弱区生态治理与恢复的成本和难度。

针对不同生态脆弱区的生态问题，我国从 20 世纪 70 年代以来就先后启动了一批重大生态恢复和建设工程，如天然林保护、退耕还林（草）、三北防护林、京津风沙源治理和退牧还草工程等，有效遏制了生态脆弱区水土流失、石漠化和沙漠化等的扩张趋势。根据甄霖等（2019）的评估结果，截至 2014 年，我国退化区面积的 22.1% 发生退化逆转，同时 11.5% 的退化区发生退化加重的现象，其余区域呈退化持衡的趋势。在生态恢复工程实践中，我国也陆续对西北干旱区生态恢复、黄土高原水土流失综合治理、南方喀斯特地区生态恢复等开展了机制与示范研究，形成了一系列生态治理模式和修复技术（陈亚宁等，2019；李昂等，2019；李宗善等，2019；王克林等，2019；张骞等，2019）。据统计，自"十五"以来，我国共研发 214 项核心技术、64 个技术模式和 100 多个技术体系（傅伯杰等，2013），并进行了最佳技术案例的总结和优选工作（Jiang，2008），对生态脆弱区退化生态系统开展了全面的治理与恢复。其中，水土流失、荒漠化和石漠化治理的一些技术已处于国际领先地位，研发出的干旱条件下造林技术、生物篱技术和节水保土技术等均已得到了广泛应用（甄霖等，2019）。此外，针对生态脆弱区区域经济发展和农民增收的需求，逐步开发出了一系列生态衍生产业，成为了带动一些区域经济增长的新兴产业（杨振山等，2020）。生态脆弱区生态治理与恢复技术的研发也逐渐从单一目标转化为兼顾生态效益、社会效益和经济效益的复合模式，综合治理技术和模式集成已成为当前生态恢复的主要措施（甄霖等，2019；王聪等，2019）。

虽然我国在生态脆弱区生态治理与恢复方面已经取得了一定的成效，然而不同生态脆弱区的自然环境差异显著、区域社会经济发展不平衡、人类活动干扰的类型和强度也千差万别，因此不同区域面临的生态问题以及生态治理与恢复的重点也不尽相同。此外，长期以来我国生态治理与恢复技术的研发和应用始终与国家重大生态治理工程密切相关，针对我国不同发展阶段和不同地区出现的不同生态问题，有目的地研发和引进了大量生态技术。但从生产实践效果分析，生态技术及其理论方面的研究长期滞后于生产实践需求，一方面造成了技术研发的重复投资和资金的浪费；另一方面导致生态治理成果不稳定，治理工程结束后出现反弹，或出现边治理边破坏的局面（甄霖和谢永生，2019）。因此，针对目前我国生态脆弱区生态治理与恢复过程中存在的问题，有必要系统梳理不同生态脆弱区的生态治理与恢复技术模式及其发展程度，评价其综合效益及适用性，探讨典型生态脆弱区生态治理与恢复的前景及展望，为进一步深入开展生态脆弱区研究、优化生态治理与恢复技术体系、提高相关技术的实施效果和应用推广提供科学依据。

二、中国生态脆弱区研究热点与进展

有关生态脆弱区的研究可以追溯到 1905 年美国生态学家 Clements 将生态过渡带的概念引入生态学的研究。从 20 世纪 60 年代以来，国际生物学计划（IBP）、人与生物圈计划（MAB）及国际地圈生物圈计划（IGBP）等重大国际科学计划逐步将生态脆弱区作为重要研究对象。1988 年在布达佩斯召开的第七届国际科学联合环境问题科学委员会（SCOPE）大会上确认了 Ecotone 的概念（Holland，1988），同年 8 月 IGBP 中的中国全国委员会也召开了第一次会议并呼吁加强对生态脆弱区的研究，从而拉开了我国生态脆弱区系统研究的序幕（鄢继尧等，2020）。从我国生态脆弱区研究的发展历史来看，1989—1999 年间的相关研究主要以理论初探和对策建议等定性研究为主，如牛文元（1989）开展了生态环境脆弱带的基础判定研究，赵跃龙和刘燕华（1994）按照脆弱生态环境的主要成因绘制了我国七大类脆弱生态环境类型分布图，王小广（1994）开展了生态脆弱区农业经济发展模式及对策研究。而自 2000 年以来相关研究逐渐朝着多元化方向发展，生态学、地理学、经济学、工程技术学、社会学等多学科和多领域专家学者就生态脆弱区相关问题进行了广泛探讨，研究的广度和深度不断扩展，卓有成效地推动了我国生态脆弱区研究的繁荣和发展（肖笃宁，2003；袁吉有等，2011；甄霖等，2019；杨振山等，2020）。

为了全面准确地掌握中国生态脆弱区研究的热点与进展，我们以中国知网（CNKI）期刊全文数据库为数据源，设置关键词为生态脆弱区、脆弱生态区、生态脆弱带，对 1988 年以来我国生态脆弱区研究的文献进行检索，共检索到文献 1 819 篇，剔除与研究主题不相符的文献，最终得到 1 424 篇。从生态脆弱区研究的时间尺度来看，1988—2020 年每年的文献发表数量呈逐步增长趋势（图 1.1），这表明我国生态脆弱区的研究日益受到关注。30多年来，我国生态脆弱区的研究可分为三个发展阶段：① 1988—1999 年为缓慢增长阶段，该阶段研究论文数量较少且增长缓慢，相关研究主要以理

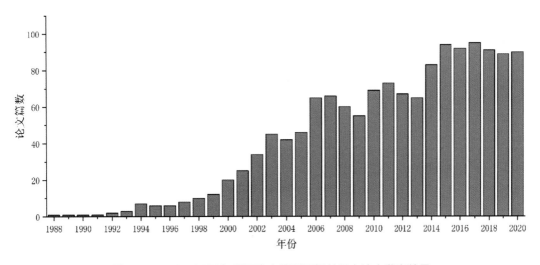

图1.1　1988—2020年我国生态脆弱区相关研究论文发表数量

论初探和对策建议等定性研究为主；② 2000—2014 年为迅速发展阶段，该阶段研究论文的总量和定量研究论文的数量均大幅增加，相关研究逐渐朝多元化方向发展；③ 2015—2020 年为成熟发展阶段，党的十八大以来国家提出"建设美丽中国"，将生态文明列入"五位一体"总体布局，"绿水青山就是金山银山"和"三生空间"等发展理念更加深入人心，生态脆弱区研究的广度和深度不断拓展，出现理论创新和综合集成研究增多的趋势（王聪等，2019；鄢继尧等，2020）。

从生态脆弱区研究的空间尺度来看，30 多年来我国生态脆弱区的研究热点区域不断扩大，从 20 世纪八九十年代主要聚焦于北方农牧交错带和西南喀斯特地区等逐渐辐射到其他典型生态脆弱区。通过进一步阅读文献和分析，以省级行政区为单元统计实证研究区域，结果显示：开展生态脆弱区相关研究最多的区域为陕西省、内蒙古自治区和甘肃省，累积论文篇数均超过170 篇；在云南省和贵州省开展的研究也较多，均在 100 篇以上；对四川省、新疆维吾尔自治区和宁夏回族自治区生态脆弱区的研究论文也都超过了 50篇。另外，还有一些研究主要分布在青海省、广西壮族自治区、西藏自治区、山西省、河北省、重庆市、吉林省和黑龙江省等地区（图 1.2）。这些研究热点地区基本与我国典型生态脆弱区的地理分布情况一致（刘军会等，2015）。

通过对研究论文中高频关键词的提取，并结合阅读文献和分析，进一步综合了我国 30 多年来生态脆弱区的研究热点，主要包括土地利用变化及其影响、气候变化及其影响、生态脆弱性评价、人地关系耦合与可持续发展和生态治理与恢复等 5 个方面（鄢继尧等，2020）。

（一）土地利用变化及其影响

30 多年来，学者们对我国各种生态脆弱区的土地利用变化及其影响开展了较为深入的研究，其内容主要包括变化格局与过程、驱动力及其机制分析、生态环境效应分析和土地可持续利用等方面（鄢继尧等，2020）。对土

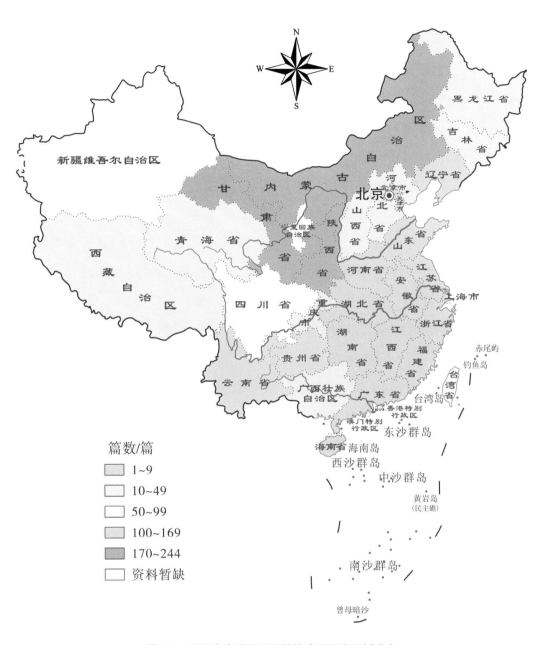

图1.2　我国生态脆弱区相关的实证研究区域分布

地利用变化格局与过程的研究是深入研究其驱动力和生态环境效应等的基础，因此研究开展较早（李秀彬，1996）。自21世纪以来，随着3S技术的快速发展，土地利用变化格局与过程的研究逐步由静态的定性分析（彭建等，

2007；宋开山等，2008）转变为动态的定量分析（徐苏等，2017；刘纪远等，2018）。土地利用变化的驱动力及其机制分析是揭示自然和社会经济相互作用的重要方式，对于阐明其变化及预测其未来情景起着关键作用（刘纪远等，2009）。已有研究表明，土地利用变化的驱动因子具有综合性、动态性和层次性等特征，不同区域的驱动因子差异显著（赵锐锋等，2009）。自然驱动因子包括气候、土壤养分和水文与水资源等，社会经济驱动因子包括经济增长、人口变化、城市化、产业结构等，以及经营机制和法律法规等政策因子（刘吉平等，2014；鄢继尧等，2020）。土地利用变化的生态环境效应主要研究了其对气候、水文和土壤等要素的影响（王晓东等，2014），从改变了生态系统的生物多样性、物质循环和通量流动（张新荣等，2014），并对生态脆弱区内生态系统的功能、结构及其服务价值产生影响（严恩萍等，2014）。因为生态脆弱区易于发生生态退化且难以自我恢复，土地利用变化导致生态环境恶化的同时也加剧了人地矛盾，进而影响着生态脆弱区的可持续发展。因此，近年来对生态脆弱区不同层次的土地可持续利用评价等方面逐渐成为关注和研究的重点（许尔琪等，2012；韩锦辉等，2018）。

（二）气候变化及其影响

由于生态脆弱区抵抗外在干扰和维持自身稳定性弱，其生态环境和农业系统对气候变化十分敏感，因此研究生态脆弱区内气候变化的时空演变特征对区域可持续发展具有重大意义（鄢继尧等，2020）。30多年来，学者们基于长时序的多源气候资料和数据，系统揭示了我国生态脆弱区气候显著变化的特征，但是不同生态脆弱区不同气候要素变化的程度和趋势差异显著（李志等，2013；孙康慧等，2019）。陆地生态系统中的植被、土壤、水资源等对气温和降水等气候因子变化存在明显的反馈作用，是生态环境的重要指示器。因此，生态脆弱区内植被、土壤、水资源等对气候变化的响应逐渐成为学者们重点关注的内容（李辉霞等，2011；常学礼等，2013）。气候变化不仅对生态脆弱区的生态系统产生影响，也对区域内的农户生计产生深远的影响。农户是生态脆弱区内经济活动的主体，不仅是气候变化的直接感知者，还是适应行为的选择和受益者（王亚茹等，2017）。近年来，学者们通过入户调查等方法对我国典型生态脆弱区农户对气候变化的感知以及适应需求、意向和策略等方面开展了系统研究（朱国锋等，2015；赵雪雁等，2016）。

（三）生态脆弱性评价

生态脆弱性评价是指对生态系统的脆弱程度做出定量或半定量的分析、描绘和鉴定，其目的是评价生态脆弱区的发展状态，探究脆弱性驱动因素和演化机制（张学玲等，2018；鄢继尧等，2020）。30多年来，学者们在生态脆弱性评价指标数据收集和处理方法等方面开展了大量研究，并通过综合、科学、可操作和因地制宜的原则构建了生态脆弱性评价指标体系，但由于导致不同生态脆弱区生态脆弱性发生和演化的原因不尽相同，不同研究构建评价指标体系的角度以及选取的参数和方法也差异显著（马骏等，2015；杨飞等，2019）。总的来看，生态脆弱性评价指标体系已从早期的单一类型指标体系逐步向综合考虑自然、经济和社会等因素的复合型指标体系转变（徐广才等，2009；李平星等，2014；宋一凡等，2017）。而生态脆弱性评价主要包括静态评价和动态评价两类。其评价的主要方法包括层次分析法、模糊评价法、灰色关联分析法和神经网络法等，且有多样化、复杂化、集成化的趋势（张学玲等，2018；鄢继尧等，2020）。通常情况下，在生态脆弱性评价后将采用自然断点或等间距分级等方法，以生态阈值为基础，并结合生态脆弱区实际情况，对评价结果进行分级展示和讨论（张学玲等，2018；杨飞等，2019）。

（四）人地关系耦合与可持续发展

生态脆弱区的人地关系耦合是区域"人类活动—生态环境—社会经济"

综合作用的表现。对我国而言，在生态脆弱区协同生态环境保护与社会经济发展问题显得尤为重要与紧迫。由于我国贫困地区的地理分布与生态脆弱区具有高度的耦合性，因此，生态脆弱区往往陷入贫困与生态环境恶化的"贫困陷阱"，或面临着因保护生态环境而损害贫困人群的"生态致贫"现象，这使已经上升为国家战略的扶贫与保护生态环境面临着两难选择（祁新华等，2013）。30多年来，学者们不仅基于社会学视角，采用"现状—问题—对策"的研究框架对生态脆弱区贫困问题进行定性分析（杨振山等，2020），还对生态脆弱环境与贫困之间的空间相关性和耦合协调程度（牛亚琼等，2017；王睿等，2020），以及生态脆弱区的贫困化空间格局及其影响因素等方面进行了研究（夏四友等，2019；陈志杰等，2020）。研究结果表明，生活贫困、人口增长和生态脆弱的恶性循环极大地影响了生态脆弱区的可持续发展。自党的十八大提出"建设美丽中国"，将生态文明列入"五位一体"战略布局，倡导"绿水青山就是金山银山"和"三生空间"等发展理念以来，生态脆弱区如何实现人地关系和谐相处，推动社会经济可持续发展已成为学者们研究的热点之一（王聪等，2019；鄢继尧等，2020）。

（五）生态治理与恢复

生态治理与恢复是帮助退化、受损或毁坏的生态系统恢复正常功能的过程，是在生态学原理指导下，综合生物和工程等多种技术措施，通过优化组合，使之达到最佳效果和最低耗费的一种综合性治理与恢复生态环境的方法。通过生态治理与恢复可提高生态脆弱区资源利用和转换效率，降低环境负载率，增强生态脆弱区的可持续发展能力，保障周边地区生态安全（甄霖等，2019）。30多年来，学者们分别对北方风沙区（李昂等，2019）、西北干旱区（陈亚宁等，2019）、黄土高原地区（李宗善等，2019）、青藏高原地区（张骞等，2019）和西南喀斯特地区（王克林等，2019）等生态脆弱区的生态退化特征进行了总结，并提出了一系列生态治理与恢复的方法、技术和模式。此外，生态脆弱区生态治理与恢复技术的研发也逐渐从单一目标转化为兼顾生态效益、社会效益和经济效益的复合模式，并且强调将自然恢复和人工治理有机结合。甄霖等（2019）系统梳理了我国主要生态退化问题及区域的生态治理技术需求，认为生态治理与恢复技术应针对具体的退化问题、阶段、机制及当地经济社会发展情况，根据技术需求评估选择最佳的生态治理与恢复方案。

近几十年来，我国生态脆弱区生态治理与恢复的措施和成效逐渐引起了国际的关注，为了科学评价这些技术和措施的生态治理与恢复效果，学者们也开展了广泛的研究。张毅茜等（2019）以我国重点生态脆弱区为研究对象，选取产水、土壤保持、食物供给、固碳等生态服务，构建了生态恢复综合效益评估指标体系，对比分析了研究区生态恢复综合效益的变化情况。王聪等（2019）在梳理重点生态脆弱区生态环境问题现状基础上，整理了针对不同生态脆弱区及亚区的生态恢复模式，构建了一套全面评估生态恢复模式的综合效益的指标体系，并结合实地调查和数据收集，评估了生态脆弱区多种生态恢复模式的综合效益。

三、中国生态脆弱区研究趋势与展望

虽然我国生态脆弱区分布面积大、脆弱生态类型多，不同区域间生态脆弱性的驱动因素及其作用程度具有较大差异，土地利用格局、气候变化程度、致贫原因以及生态治理与恢复的方法和技术也都不尽相同，但实现生态脆弱区人地关系和谐相处，推动社会经济可持续发展的目标是一致的（张学玲等，2018；鄢继尧等，2020）。因此，基于当前我国生态脆弱区的现状及特征，并结合目前研究的热点与进展情况，未来我国生态脆弱区研究的发展方向和趋势主要体现在以下几个方面。

1. 构建生态脆弱区监测网络与预警体系，加强现状调查和基线评估

我国生态脆弱区分布面积广大、脆弱生态类型多样，因此，需要选取典型的生态脆弱区建立长期定位生态监测站，并利用多源遥感和地理信息系统等空间信息技术，构建"地空天一体化"的全国生态脆弱区监测网络。在此基础上，全面开展全国生态脆弱区的资源环境和生态现状调查以及基线评估，建立脆弱区生态背景数据库，明确不同生态脆弱区时空演变动态特征，确定不同生态脆弱区的资源和生态承载力阈值和预警体系，从而对我国生态脆弱区实施全方位的动态监测和中长期评估预警，定期发布生态安全预警信息，为我国生态脆弱区的生态保护、环境管理和社会经济发展提供科学依据（曹春香，2017）。

2. 完善生态脆弱性和恢复效益评价指标与模型，创新研究方法和技术

由于选取评价指标和模型是开展生态脆弱性和恢复效益评价研究的基础，不仅直接影响评价结果的合理性，还在一定程度上关系到政府政策的制定。因此，需要通过对我国各种生态脆弱区开展多尺度、多层次和多元化的实证和类比研究，并对评价体系和模型的使用范围以及优劣势等方面进行对比分析，从而建立并完善我国不同生态脆弱区生态脆弱性和恢复效益评价指标与模型。此外，需要融合环境保护、生态工程、经济地理和区域可持续发展等多个学科，实现研究方法的创新，并且可以尝试将大数据、人工智能和机器学习等新技术运用到我国生态脆弱区的生态治理和恢复中（杨飞等，2019；鄢继尧等，2020）。

3. 将生态系统服务、成本效益分析和人地耦合系统纳入生态恢复实践中

生态系统服务与人类福祉直接相关，生态系统的结构与功能直接影响着生态系统服务的水平和能力，而通过生态治理与恢复改善生态系统的功能和服务能力、提升人类福祉是生态脆弱区实现人与自然和谐共生的重要目标。另外，在目标与利益冲突尤其频繁与激烈的生态脆弱区，扶贫与生态环境保护能否取得"双赢"则取决于能否协调不同主体之间的效益冲突。有效的

政策设计要将保护贫困地区民众生计与生态环境保护置于同等重要的地位，并在扶贫实践中兼顾不同利益主体的经济社会效益与生态效益（祁新华等，2013）。因此，需要将成本效益分析和人地耦合系统纳入生态恢复实践中，从社会生态系统的角度考虑生态系统恢复力及外界和人类干扰程度，并结合当地的社会经济发展水平来选择生态恢复方式。同时，还需要改变原有的单一生态要素的治理和单项恢复工程的实施，转变为山水林田湖草沙一体化的保护和恢复，从而形成生态脆弱区生态治理与恢复的新格局。

4. 协同推进生态脆弱区生态治理和产业发展，强化典型生态工程的整合与技术推广

需要针对不同类型生态脆弱区的资源和环境特点，编制符合不同生态脆弱区生态治理和恢复的技术规范与实施标准，以及相应的可持续发展产业规划，并选择典型区域进行试点示范。同时，研究制定不同生态脆弱区的限制类、优化类和鼓励类产业准入分类指导名录，积极探索生态保护与经济发展耦合模式，鼓励和引导社会资本进入生态治理与恢复领域，从而协同推进生态脆弱区生态治理和产业发展（曹春香，2017）。此外，需要编制全国生态脆弱区生态治理与恢复工程实施管理办法及技术规范，在生态治理与恢复工程实施的前、中、后期分别开展综合效益评估，并按照评估结果进行整合与技术推广，为生态脆弱区治理与恢复的技术优化和生态工程实施效果提供技术保障。

5. 加强生态恢复管理制度设计，构建生态恢复信息展示平台和沟通渠道

在前期的生态脆弱区生态治理与恢复过程中，大多以单纯的生态问题为导向进行生态治理与恢复技术模式的筛选与实施，或者对不同时间尺度上利益相关者的生态和社会经济效益考虑的不足，从而导致部分生态治理与恢复的效果维持与推进受到一定影响。因此，需要加强生态恢复管理制度的设计，尝试从新的角度理解生态治理和经济发展的内在过程与机制。此外，需要针对不同类型生态脆弱区开发相应的成果数据管理平台和模拟演示系统，将典型生态脆弱区生态治理与恢复的技术、模式、推广应用等成果进行综合集成和模拟演示，连接科学技术人员、当地居民、管理部门及生态恢复实践者等不同群体。通过展示生态恢复模式的技术原理和方案、实施成本及社会、生态和经济效益，可以使得不同区域不同群体对于恢复模式的选择进行充分讨论及筛选权衡，有利于生态治理与恢复的稳定性和可持续性（王聪等，2019）。

第二章

中国典型生态脆弱区生态恢复的综合效益评估

一、中国典型生态脆弱区划分

日益增强的人类活动导致全球约 60% 的生态系统处于退化或不可持续状态（Chopra et al.，2005；UNEP，2014），荒漠化、水土流失、石漠化等退化土地已经至少占全球土地面积的 1/4（Lal et al.，2012）。在 2018 年世界防治荒漠化和干旱日《联合国防治荒漠化公约》发布的评估报告警告：至 2050 年，土地退化将给全球带来 23 万亿美元的经济损失。国别概况报告显示，亚洲和非洲因土地退化遭受的损失为全球最高，每年分别达 840 亿美元和 650 亿美元（甄霖和谢永生，2019）。在联合国发布的 2030 可持续发展的 17 个目标中，有 11 个与退化土地的治理有关。因此，寻求尊重自然规律、环境友好的生态治理与恢复技术已成为实现可持续发展目标的重要组成部分 [联合国开发计署（UNDP，2015）]。

我国是世界上生态环境脆弱区分布面积最大、脆弱生态类型最多、生态脆弱性表现最明显的国家之一。据统计，中度以上生态脆弱区面积约占陆地总面积的 55%（甄霖等，2019），并且大多位于生态过渡区和植被交错区，是典型的农牧、林牧、农林等复合交错带，也是我国目前生态问题突出、经济相对落后和人民生活贫困区，同时也是我国环境监管的薄弱地区。根据国家科技攻关项目"生态环境综合整治和恢复技术研究"的成果，我国主要有 5 个典型生态脆弱区，即北方草原区、西北干旱荒漠区、青藏高寒区、黄土高原和西南喀斯特地区（赵跃龙和刘燕华，1994；冉圣宏等，2001；图 2.1）；各生态脆弱区的形成是自然属性和人类活动共同作用的结果，而区域自然属性的差异及区域社会经济发展的不平衡也导致各生态脆弱区生态系统退化的差异（王聪等，2019；表 2.1）。20 世纪 90 年代以来，针对生态脆弱区植被退化、水土流失、荒漠化等各类生态问题，我国陆续实施了一系列生态工程，

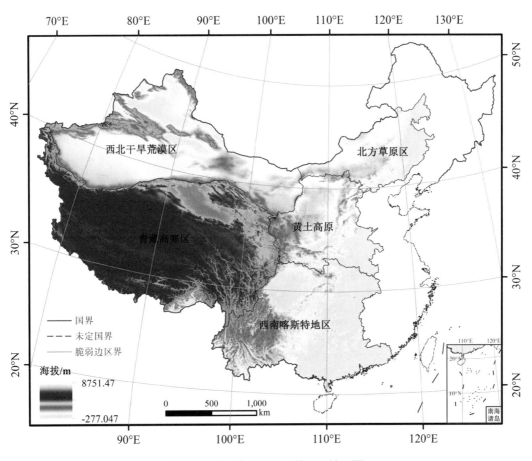

图2.1　典型生态脆弱区范围及地形图

如三北防护林体系建设工程、退耕还林还草工程，以及各项水土保持工程和污染治理工程等（Lu et al., 2018）。工程实施几十年来，典型生态脆弱区的生态恢复效益如何，选取何种指标用于生态恢复效益评估，这些已成为众多学者关注的焦点，也是我国开展生态文明建设的重大迫切需求。科学合理地评估生态恢复工程实施后的生态恢复效益，及时掌握生态系统当前的恢复程度、演变方向、存在问题等信息，不仅为进一步调整和改进恢复方案提供科学依据，而且还为生态系统管理提供决策支持（吴丹丹和蔡运龙，2009；杨兆平等，2015）。

表 2.1 典型生态脆弱区区域概况

生态脆弱区	区域概况
北方草原区	位于我国东北部，东起内蒙古与辽宁交界的科尔沁地区，经内蒙古高原，至阴山北麓，总面积约65万km^2。地势西高东低，地貌类型包括高原、山地、平原，分布有沙地。该区域属温带干旱、半干旱、半湿润气候，降水量呈现从东向西递减趋势，大部分地区年降水量小于400 mm。植被类型为典型草原、荒漠草原、疏林灌木草原，局部高山地区分布有森林。土壤类型以栗钙土、风沙土为主。风力侵蚀严重，局部地区风蚀与水蚀并存；草场退化和土地沙化等生态问题突出。该区域实施了三北防护林工程、京津风沙源治理工程和天然林资源保护工程
黄土高原	位于我国黄河中上游地区，大致范围包括太行山以西，贺兰山以东，秦岭以北，阴山以南的广大区域，地跨青、甘、宁、蒙、陕、晋、豫7省。地势由西北向东南倾斜。除石质山地外，高原大部分为厚层黄土覆盖，经流水长期强烈侵蚀，逐渐形成千沟万壑、地形支离破碎的特殊自然景观。该区域属半湿润、半干旱和干旱气候，降水多集中在7~9月份，且多暴雨。植被类型由东南向西北依次为森林、森林草原、典型草原、荒漠草原、草原化荒漠。水土流失是黄土高原地区头号生态环境问题。该区域实施了退耕还林还草工程
西北干旱荒漠区	位于我国西北部，东部以贺兰山为界，南至昆龙山–阿尔金山–祁连山，北侧与西侧以国境线为界，面积约193万km^2。属温带干旱、半干旱气候，干旱少雨、蒸发强烈。植被类型从东向西依次为森林草原、典型草原、荒漠草原和荒漠。土地盐碱化和荒漠化严重，生态系统极为脆弱。该区域实施了三北防护林工程和天然林资源保护工程
西南喀斯特地区	位于我国西南部，主要包括贵州、广西、云南、湖南、湖北、四川和重庆，面积约166万km^2。属亚热带季风气候，降水丰富，雨热同期。植被类型主要为常绿落叶灌木林、常绿针叶林和常绿落叶阔叶林。该区域具有大量的碳酸盐岩等易在流水不断溶蚀作用下形成喀斯特地貌的岩石，水土流失、土壤贫瘠和石漠化等生态问题突出。西南喀斯特地区实施了天然林资源保护工程和石漠化综合治理工程
青藏高寒区	位于我国西南部，北起昆仑山–阿尔金山–祁连山，南抵喜马拉雅山，东起横断山脉，西至国境，面积约250万km^2，平均海拔4 000 m以上。东南部暖热湿润，西北部寒冷干旱，降水自东南向西北逐渐减少，雨季和旱季分异明显。植被类型从东南到西北依次为高寒草甸、高寒草原、高寒荒漠，草地退化严重。该区域实施了湿地保护工程和三江源生态保护与建设工程

二、中国典型生态脆弱区生态恢复综合效益评估指标体系

（一）生态恢复综合效益评估指标体系构建概念框架

生态恢复综合效益评估是一个多属性和多准则的问题，为更加清楚地认知生态恢复状况，以及当前生态系统所带来的效益格局，确定未来生态恢复方向，本节在参考傅伯杰等（2017）、邵全琴等（2016）相关研究成果的基础上，构建了"生态恢复策略—生态系统结构—生态系统质量—生态系统服务—生态恢复效益"级联式概念框架（图2.2），并以此作为生态恢复综合效益评估的理论依据，建立典型生态脆弱区生态恢复综合效益评估指标体系，旨在从生态效益、社会效益和经济效益三方面对其进行衡量（吴丹丹和蔡运龙，2009；孙晓萌和彭本荣，2014；杨兆平等，2015）。

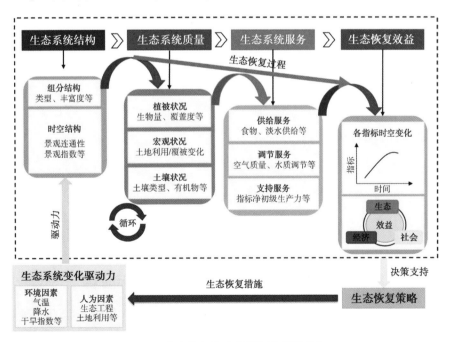

图2.2 生态恢复综合效益评估指标体系

（二）生态恢复综合效益评估指标体系构建原则

1. 科学性原则

生态恢复综合效益评估应结合生态脆弱区生态恢复需求，联系区域内业已开展的生态工程，选取最具代表性的指标，从而实现追求指标体系准确性的同时控制指标数量，提高评价工作效率。同时应避免指标间的信息重叠而影响评估结果的客观性与科学性（邵全琴等，2016；邵全琴等，2017）。

2. 全面性与典型性相结合原则

生态脆弱区生态恢复时间长、范围广、内容丰富，为兼顾不同生态脆弱区之间的共性和特性，应将生态恢复的总体目标和区域目标加以区分。根据生态系统结构、质量、服务和变化驱动因素选取通用评价指标，再根据不同生态脆弱区特性及恢复措施设置区域指标（邵全琴等，2016）。

3. 稳定性与可持续性原则

生态恢复是生态系统动态演替的过程，生态系统的结构和功能恢复可能需要几年、几十年甚至更长的时间（傅伯杰等，2017）。因此，选取的评估指标内容应处于可持续发展的动态过程中，能够从时间和空间上体现生态系统的时空演变及分布规律。同时指标自身应相对稳定，不易随时空变化而发生质变，进而影响指标的可比性。

4. 简便性与可操作性原则

生态恢复综合效益评估指标应简单明了、意义明确（杨兆平等，2015）。需进行实验监测的指标，其实验设计应具备较强的可操作性；需进行计算推导的指标，其本底数据应容易获得，其统计及计算方式应明确可靠。

（三）生态恢复综合效益评估指标体系构建及指标解释

根据上述的指标体系构建概念框架、原则，结合我国典型生态脆弱区区域特点及恢复需求，构建生态脆弱区生态恢复综合效益评估指标体系（表

2.2）。在级联式概念框架的指导下，该指标体系分为指标类别、主题指标和具体指标 3 个层次。其中，指标类别指示生态恢复综合效益评估的 4 个方面：生态系统的结构、生态系统的质量、生态系统的服务与生态脆弱区的社会经济状况。其中，生态效益中的生态系统结构、质量和服务反映了生态恢复的具体过程，即目标生态系统在自然和人为因素的影响下改变生态系统的结构与质量，从而影响生态系统服务提供水平。指标类别由各个主题指标构成，反映指标类别的具体方面。具体指标对应于主题指标，保证其可以被直接量化和比较。各指标解释、数据获取与计算方法如表 2.3 所示。

表 2.2　生态恢复综合效益评估指标体系

		指标类别	主题指标	具体指标
综合效益	生态效益	Ⅰ.生态系统结构与质量	1.植被状况	植被覆盖
			2.宏观生态状况	土地利用/覆被变化
		Ⅱ.生态系统服务	1.调节服务	产水服务
				土壤保持
			2.供给服务	食物供给
			3.支持服务	固碳服务（植被净初级生产力）
			4.生态系统服务相互关系	生态系统服务权衡与协同时空动态变化
	社会经济效益	Ⅲ.社会经济状况	1.经济及娱乐文化服务	国内生产总值（GDP），第一、二、三产业增加值

表 2.3　具体指标解释、数据获取与计算方式

具体指标	指标解释	数据获取与计算方法	
		遥感反演与模型计算	地面观测与文献收集
植被覆盖	归一化植被指数（Normalized Difference Vegetation Index，NDVI）反映土地覆盖植被状况的一种遥感指标。叶面积指数（leaf area index, LAI）是描述植被叶面覆盖情况的无量纲参数，通常定义为单位面积地表上叶片总面积的1/2	遥感反演与计算获取归一化植被指数	AVHRR GIMMS LAI3g 叶面积指数产品
土地利用/覆被变化	人类改变土地利用和管理的方式，导致土地覆被变化	遥感解译获取土地利用类型数据	
产水服务	为地表径流与地下入渗的总和，也是流域水文模型的一个主要输出，对区域的水循环与经济发展具有重要的意义	利用流域产水服务模型（the Integrate Valuation of Ecosystem Services and Tradeoffs, InVEST）估算。该模块是基于水量平衡原理，利用区域水分的输入量（降水量）与输出量（蒸散发量）的差值得到区域产水量	
土壤保持	是一项非常重要的生态系统调节服务，也是调控水土流失、防止土壤退化、降低地质灾害风险的保障	可利用修正土壤流失方程（Revised Universal Soil Loss Equation，RUSLE）计算。所需数据包括植被类型、土壤类型、数字高程模型（DEM）、降水等	
食物供给	利用农产品服务提供能力衡量生态区食物供给指标		统计年鉴
植被净初级生产力	绿色植物光合作用后产生的有机物质总量减去自身呼吸消耗后的实际积累量	可利用CASA（Carnegie Ames-Stanford Approach）模型计算。所需数据包括NDVI，土地利用类型、气温、降水、太阳辐射	
生态系统服务权衡与协同时空动态变化	不同的生态系统服务，在动态变化过程中存在着复杂的相互关系，表现为相互增益的协同关系和此消彼长的权衡关系	基于Matlab平台的皮尔逊积矩（Pearson）相关系数法对生态系统服务权衡与协同关系进行量化	
经济及娱乐文化服务	生态脆弱区生态恢复工程实施前后区域社会经济状况变化		统计年鉴

注：基于Matlab栅格数据的一元线性回归及显著性检验（slope趋势分析）对各项指标变化趋势进行分析，分析结果均通过显著性检验（$p<0.05$）。

三、中国典型生态脆弱区生态恢复综合效益评估

（一）典型生态脆弱区生态系统质量指数动态变化

1. 归一化植被指数（NDVI）

（1）典型生态脆弱区 NDVI 空间分布特征：如图 2.3 所示，典型生态脆弱区 NDVI 空间分布差异性显著。总体来说，我国东南部植被覆盖度明显高于西北部植被覆盖度。具体来说，西南喀斯特地区、黄土高原东南部、北方草原区东南部、青藏高寒区的横断山脉以及西北干旱荒漠区的新疆天山山脉NDVI 较高。由于过度放牧及气候变化，内蒙古草原出现了大面积的退化，

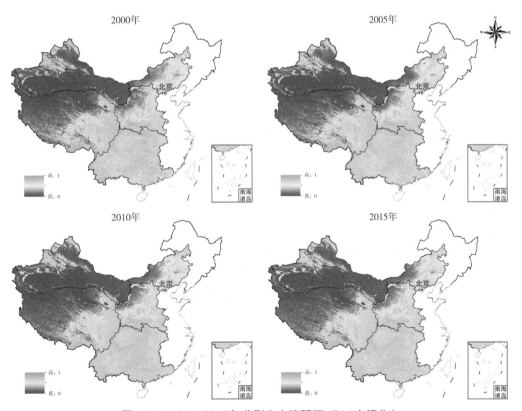

图2.3　2000—2015年典型生态脆弱区NDVI空间分布

导致西北干旱荒漠区的内蒙古高原西段以及北方草原区西北部的内蒙古高原东段植被覆盖度较低。西北干旱荒漠区天山以南的塔里木盆地，边缘是与山地连接的砾石戈壁，中心是辽阔的塔克拉玛干沙漠，荒漠化现象严重，森林带消失，植被组成贫乏。青藏高寒区地形复杂，气候独特且多样。植被以高寒草甸、草原为主，东南分布针叶林和阔叶林，植被覆盖率较低。

（2）典型生态脆弱区 NDVI 变化趋势：基于 Matlab 平台，利用一元线性回归分析法，分析脆弱区 2000—2015 年 NDVI 变化趋势（图 2.4 和图 2.5），并将变化趋势分为显著减少、较显著减少、基本不变、较显著增加、显著增加五个等级。结果表明，脆弱区约 62.25% 的区域 NDVI 基本不变，集中分布在青藏高寒区、北方草原区和西北干旱荒漠区。约 37.35% 的区域 NDVI 有显著或较显著的变化（$p<0.05$）；其中，NDVI 较显著减少的区域占脆弱区总面积的 20.91%，主要分布在西北干旱荒漠区和青藏高寒区；较显著增加的区域占比为 16.78%，主要分布在黄土高原、西南喀斯特地区和北方草原区。典型生态脆弱区 NDVI 显著增加和显著减少的区域占比最小。

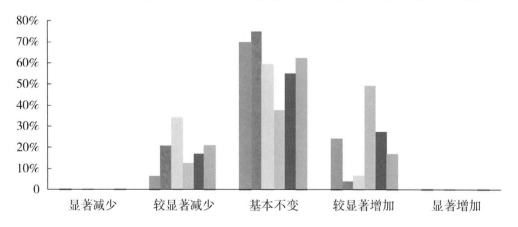

图2.4　2000—2015年典型生态脆弱区NDVI变化趋势分区统计

从各区域来看，青藏高寒区、北方草原区、西北干旱荒漠区和西南喀斯特地区 NDVI 基本不变的面积占比最大，分别占各典型生态脆弱区面积的

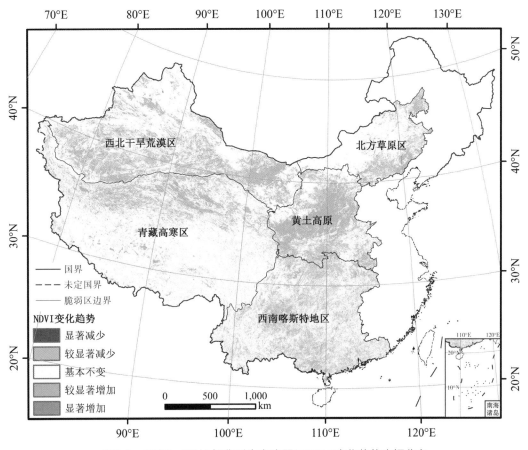

图2.5 2000—2015年典型生态脆弱区NDVI变化趋势空间分布

74.98%、69.87%、59.41% 和 55.20%。青藏高寒区和西北干旱荒漠区 NDVI 较显著减少的区域占比分别为 20.97% 和 33.93%。黄土高原、西南喀斯特地区以及北方草原区的东南部为植被覆盖较显著增加区域，分别占各典型生态脆弱区面积的 49.48%、27.64% 和 23.87%，这些区域植被增加主要受国家实施的生态工程影响，即在黄土高原实施的退耕还林工程，在西南喀斯特地区域实施的退耕还林、封山育林及石漠化综合治理等生态工程，在北方草原区实施的三北防护林体系建设工程和京津风沙源治理工程。

2. 叶面积指数（LAI）

（1）典型生态脆弱区 LAI 空间分布特征：从图 2.6 可知，2000—2015 年，典型生态脆弱区叶面积指数空间分布差异性显著，总体呈由东南向西北递减的趋势。从空间分布来看，黄土高原南部和西南喀斯特地区为 LAI 高值区，而西北干旱荒漠区、青藏高寒区、北方草原区植被 LAI 较低。

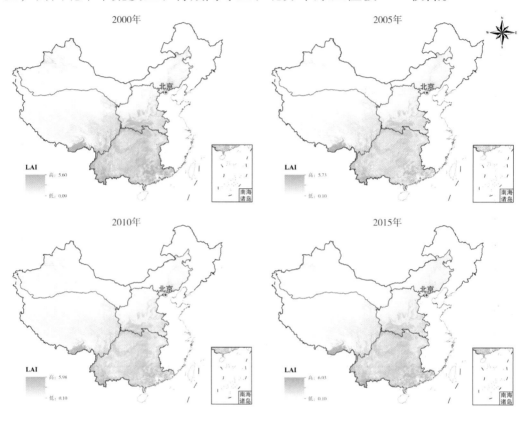

图2.6　2000—2015年典型生态脆弱区LAI空间分布

（2）典型生态脆弱区 LAI 变化趋势：基于 Matlab 平台，利用一元线性回归分析法，分析典型生态脆弱区 2000—2015 年植被 LAI 变化趋势（图2.7和图 2.8），将变化趋势分为显著减少、较显著减少、基本不变、较显著增加、显著增加五个等级。典型生态脆弱区约 36.45％的区域植被 LAI 基本不变，集中分布在青藏高寒区和北方草原区。约 63.55％的区域植被 LAI 有显著或较显著的变化（$p<0.05$）；其中，LAI 较显著减少的区域占典型生态脆弱区总面积的 39.65％，主要分布在西北干旱荒漠区和青藏高寒区；较显著增加的区域占比为 22.51％，主要分布在黄土高原、西南喀斯特地区和北方草原区。典型生态脆弱区植被 LAI 显著增加和显著减少的区域占比最小。从各区

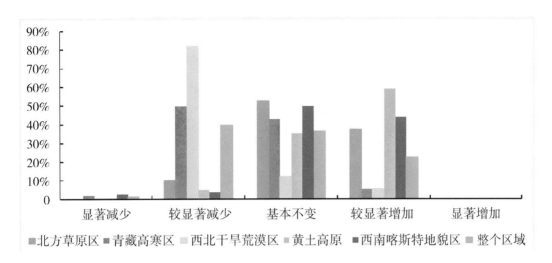

图2.7　2000—2015年典型生态脆弱区LAI变化趋势分区统计

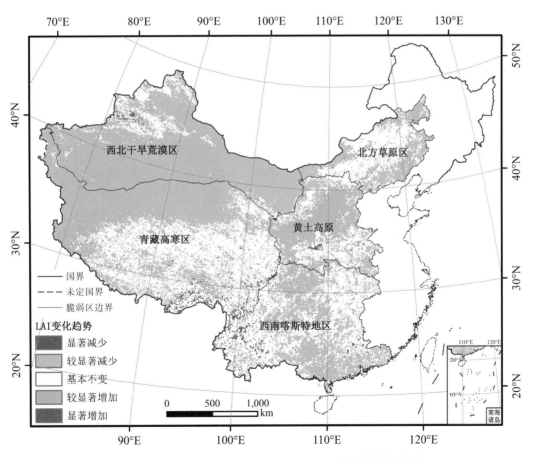

图2.8　2000—2015年典型生态脆弱区LAI变化趋势空间分布

域来看,西北干旱荒漠区和青藏高寒区植被 LAI 较显著减少的面积占比最大,分别占各典型生态脆弱区的 81.98% 和 49.67%;LAI 基本不变的区域占比较小,分别为 12.07% 和 42.84%。退耕还林还草、天然林资源保护、石漠化治理等生态工程对脆弱区植被 LAI 的改善起到了至关重要的作用,黄土高原中部地区与西南喀斯特地区为植被 LAI 较显著增加的区域,占比分别为 59.11% 和 43.91%。

（二）典型生态脆弱区土地利用（LUCC）遥感监测

我国典型生态脆弱区土地利用类型可以分为 6 个一级类型和 25 个二级类型（表 2.4）。

表 2.4　土地利用分类系统

一级类型		二级类型		
编号	类型	编号	名称	含义
1	耕地	11	水田	指有水源保证和灌溉设施,在一般年景能正常灌溉,用以种植水稻、莲藕等水生农作物的耕地,包括实行水稻和旱地作物轮种的耕地 111山地水田、112丘陵水田、113平原水田、114＞25°坡地水田
		12	旱地	指无灌溉水源及设施,靠天然降水生长作物的耕地;有水源和浇灌设施,在一般年景下能正常灌溉的旱作物耕地;以种菜为主的耕地;正常轮作的休闲地和轮歇地。121山地旱地、122丘陵旱地、123平原旱地、124＞25°坡地旱地
2	林地	21	有林地	指郁闭度＞30%的天然林和人工林。包括用材林、经济林、防护林等成片林地
		22	灌木林	指郁闭度＞40%、高度在2 m以下的矮林地和灌丛林地
		23	疏林地	指林木郁闭度为10%~30%的林地
		24	其他林地	指未成林造林地、迹地、苗圃及各类园地（果园、茶园,以及种植桑树、橡胶、药材等其他多年生作物园地）

续表

一级类型		二级类型		
编号	类型	编号	名称	含义
3	草地	31	高覆盖度草地	指覆盖度＞50%的天然草地、改良草地和割草地。此类草地一般水分条件较好，草被生长茂密
		32	中覆盖度草地	指覆盖度在20%~50%的天然草地和改良草地，此类草地一般水分不足，草被较稀疏
		33	低覆盖度草地	指覆盖度在5%~20%的天然草地，此类草地水分缺乏，草被稀疏，牧业利用条件差
4	水域	41	河渠	指天然形成或人工开挖的河流常年水位以下的土地。人工渠包括堤岸
		42	湖泊	指天然形成的积水区常年水位以下的土地
		43	水库坑塘	指人工修建的蓄水区常年水位以下的土地
		44	永久性冰川雪地	指常年被冰川和积雪所覆盖的土地
		45	滩涂	指沿海大潮高潮位与低潮位之间的潮浸地带
		46	滩地	指河流、湖泊常水位至洪水位之间的地带
5	城乡、工矿、居民用地	51	城镇用地	指大、中、小城市及县镇以上建成区用地
		52	农村居民点	指不设建制镇的集镇和村庄居民用地
		53	其他建设用地	指厂矿、大型工业区、油田、盐场、采石场等用地以及交通道路、机场及特殊用地
6	未利用地	61	沙地	指地表为沙覆盖，植被覆盖度在5%以下的土地，包括沙漠，不包括水系中的沙漠
		62	戈壁	指地表以碎砾石为主，植被覆盖度在5%以下的土地
		63	盐碱地	指地表盐碱聚集，植被稀少，只能生长强耐盐碱植物的土地
		64	沼泽地	指地势平坦低洼，排水不畅，长期潮湿，季节性积水或常年积水，表层生长湿生植物的土地
		65	裸土地	指地表土质覆盖，植被覆盖度在5%以下的土地
		66	裸岩石质地	指地表为岩石或石砾，植被覆盖度>5%的土地
		67	其他未利用地	指其他未利用土地，包括高寒荒漠，苔原等

1. 典型生态脆弱区土地利用类型结构与空间分布特征

我国典型生态脆弱区各土地利用类型分布空间差异性显著（图2.9和表2.5）。2000—2015年，典型生态脆弱区主要以草地和未利用地为主，分别占典型生态脆弱区总面积的37.00%和25.90%左右；其中，草地分布广泛，主要分布在青藏高寒区、西北干旱荒漠区西北部、北方草原区的北部以及黄土高原和西南喀斯特地区的部分地区；未利用地主要分布在西北干旱荒漠区。典型生态脆弱区林地与耕地面积占比较少，分别占典型生态脆弱区总面积的19.10%和14.00%左右；林地主要分布在西南喀斯特地区；耕地主要分布在黄土高原的东南部以及西南喀斯特地区的北部。水域和城乡、工矿、居民用地占比最少，分别占典型生态脆弱区总面积的2.60%和1.00%左右。

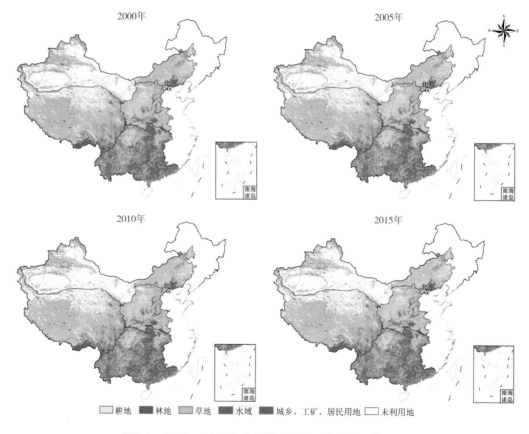

图2.9　2000—2015年典型生态脆弱区土地利用类型分布

根据表2.5可知，生态工程的实施使生态脆弱区生态环境有所改善，主要表现为林地和水域面积增加，耕地和未利用地面积减少。2000—2015年间，林地、水域和城乡、工矿、居民用地呈增长趋势，分别增长了0.08万km^2、0.58万km^{2}和2.64万km^2，而耕地、草地和未利用地面积有所减少，分别减少了0.07万km^2、1.97万km^{2}和1.26万km^2。从不同时间段来看，2000—2005年，脆弱区耕地、未利用地和草地面积减少，分别减少了0.18万km^2、0.06万km^2、0.95万km^2，林地、水域及城乡、工矿、居民用地面积增加，分别增加了0.42万km^2、0.05万km^{2}和0.72万km^2。2005—2010年，脆弱区土地利用类型变化程度较上一阶段有所减弱。草地和未利用地分别减少了0.13万km^{2}和0.40万km^2，耕地、林地、水域及城乡、工矿、居民用地分别增加了0.03万km^2、0.07万km^2、0.08万km^2、0.36万km^2。2010—2015年，脆弱区土地利用类型变化程度较上一阶段剧烈。林地、草地、未利用地分别减少了0.41万km^2、0.89万km^2、0.80万km^2，耕地、水域和城乡、工矿、居民用地分别增加了0.08万km^2、0.45万km^2、1.56万km^2。

表 2.5　典型生态脆弱区土地利用结构特征 （单位：万 km^2）

	耕地	林地	草地	水域	城乡、工矿、居民用地	未利用地	总计
2000年	105.66	143.75	280.40	19.94	7.20	194.80	751.75
	14.06%	19.12%	37.30%	2.65%	0.96%	25.91%	100.00%
2005年	105.48	144.17	279.45	19.99	7.92	194.74	751.75
	14.03%	19.18%	37.17%	2.66%	1.05%	25.90%	100.00%
2010年	105.51	144.24	279.32	20.07	8.28	194.34	751.75
	14.04%	19.19%	37.16%	2.67%	1.10%	25.85%	100.00%
2015年	105.59	143.83	278.43	20.52	9.84	193.54	751.75
	14.05%	19.13%	37.04%	2.73%	1.31%	25.74%	100.00%

续表

	耕地	林地	草地	水域	城乡、工矿、居民用地	未利用地	总计
2000—2005年	−0.18	0.42	−0.95	0.05	0.72	−0.06	−0.12
	−0.17%	0.29%	−0.34%	0.25%	10%	−0.03%	0.00%
2005—2010年	0.03	0.07	−0.13	0.08	0.36	−0.40	0.01
	0.028%	0.048%	−0.047%	0.04%	4.55%	−0.05%	
2010—2015年	0.08	−0.41	−0.89	0.45	1.56	−0.80	0.00
	0.076%	−0.028%	−0.12%	0.032%	18.84%	−0.41%	
2000—2015年	−0.07	0.08	−1.97	0.58	2.64	−1.26	0.00
	−0.066%	0.056%	−0.70%	2.91%	36.67%	−0.65%	

2. 典型生态脆弱区土地利用类型结构变化

自 20 世纪 90 年代陆续实施三北防护林体系建设工程、天然林资源保护工程、退耕还林还草工程等一系列生态工程以来，典型生态脆弱区林地和水域面积持续增加，耕地、草地和未利用地面积持续减少，如图 2.10 和表 2.6 所示。从各土地利用类型变化幅度来看，城乡、工矿、居民用地转入幅度最大，由 2000 年的 7.20 万 km^2 增加到了 2015 年的 9.84 万 km^2，增加了 2.64 万 km^2，其中由耕地和草地转入的面积较大，分别为 1.57 万 km^2 和 0.47 万 km^2；其次，水域面积由 2000 年的 19.94 万 km^2 增加到了 2015 年的 20.52 万 km^2，增加了 0.58 万 km^2，水域面积的增加主要来源于未利用地和耕地的转入。草地和未利用地转出幅度较大，其中草地面积在 2000—2015 年间减少了 1.97 万 km^2，且主要转出为耕地、林地和未利用地；未利用地由 2000 年的 194.80 万 km^2 减少到了 2015 年的 193.54 万 km^2，减少了 1.26 万 km^2，其中，由未利用地转出为耕地、草地、水域的面积较大，分别为 0.84 万 km^2、0.72 万 km^2、0.42 万 km^2；其次是耕地，耕地面积减少了 0.07 万 km^2，且主要转出为城乡、工矿、居民用地，林地、草地和水域，转出面积分别为 1.57 万 km^2、0.47 万 km^2、0.47 万 km^2、0.36 万 km^2。

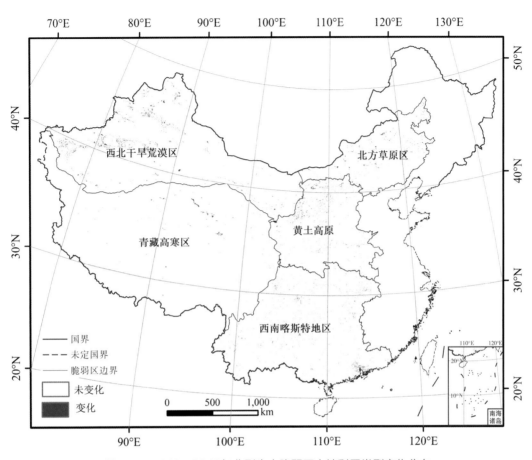

图2.10　2000—2015年典型生态脆弱区土地利用类型变化分布

表 2.6　典型生态脆弱区 2000—2015 年土地利用转移矩阵（单位：万 km²）

	耕地	林地	草地	水域	城乡、工矿、居民用地	未利用地	2015年总计
耕地	102.76	0.19	1.71	0.06	0.02	0.84	105.58
林地	0.47	142.78	0.54	0.01	0.00	0.03	143.83
草地	0.47	0.26	276.89	0.09	0.01	0.72	278.44
水域	0.36	0.1	0.17	19.44	0.04	0.42	20.52
城乡、工矿、居民用地	1.57	0.39	0.47	0.11	7.12	0.19	9.84
未利用地	0.04	0.03	0.61	0.24	0.01	192.61	193.54
2000 年总计	105.66	143.75	280.39	19.95	7.20	194.80	751.77

（三）典型生态脆弱区生态系统服务时空动态变化

1. 产水服务定量评估及空间分异规律

2000—2015 年典型生态脆弱区年均产水量波动变化较大，总体呈增加趋势（图 2.11）。从时间变化上来看，2000—2015 年产水服务增加 23.31%。从空间分布来看，产水服务的低值主要分布在西北干旱荒漠区和北方草原区，青藏高寒区南部和西南喀斯特地区的东部为高值区。典型生态脆弱区产水量呈现出由东南向西北减小的趋势，这种分布特征与我国水热分布和地理环境的差异有较大关系。各生态脆弱区产水服务年际波动变化较其他服务大，其中喀斯特地区西南部与青藏高寒区中部区域年产水量显著减少，西北干旱荒漠区和北方草原区年产水量变化不显著，西南喀斯特地区南部年产水量显著增加。

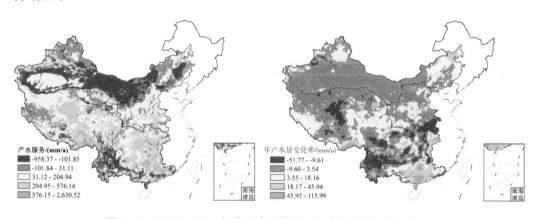

图2.11　2000—2015年典型生态脆弱区产水服务空间变化格局

2. 土壤保持服务定量评估及空间分异规律

土壤保持计算结果表明（图 2.12），2000—2015 年土壤保持服务变化平稳，高值出现在西南喀斯特地区、青藏高寒区与黄土高原的交界处，该服务作用最强的是西南喀斯特地区，其次是青藏高寒区、黄土高原、北方草原区和西北干旱荒漠区。典型生态脆弱区土壤保持服务整体上呈增加趋势，变化率为 23.65%。各个区域的土壤保持服务也呈上升趋势，但变化幅度不大。

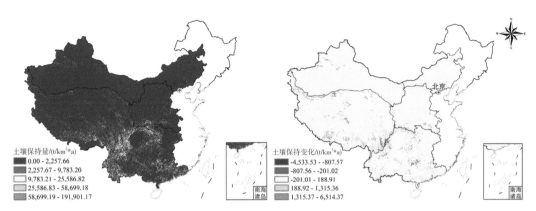

图2.12　2000—2015年典型生态脆弱区土壤保持空间变化格局

3. 食物供给服务定量评估及空间分异规律

2000—2015年间，典型生态脆弱区中黄土高原和北方草原区为食物供给的高值区，年均食物供给量分别为2.19万t和2.14万t，青藏高寒区的食物供给能力较弱，为0.03万t。典型生态脆弱区食物供给服务整体上呈现逐年增长的趋势，由2000年的5.07万t增加到2015年的7.70万t；其中，黄土高原中部地区呈显著增加趋势，而西北干旱荒漠区和青藏高寒区为不显著增加趋势（图2.13）。

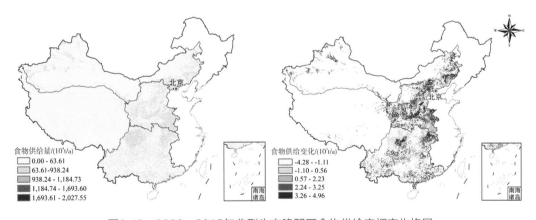

图2.13　2000—2015年典型生态脆弱区食物供给空间变化格局

4. 固碳服务定量评估及空间分异规律

2000—2015年，典型生态脆弱区固碳服务呈南多北少的空间分布特征

（图 2.14），固碳量从高到低依次为西南喀斯特地区、黄土高原、北方草原区、青藏高寒区和西北干旱荒漠区。整个脆弱区 2015 年固碳量最大，为 1 087.17 gC/m²；2001 年最小，为 821.6 gC/m²。从生态系统服务变化趋势图来看，2000—2015 年间，整个区域固碳量的年际变化均不显著，只有黄土高原中部、喜马拉雅山脉东南部和西南喀斯特地区的小范围区域为显著增加区。

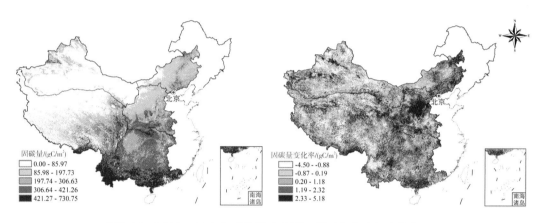

图2.14　2000—2015年典型生态脆弱区固碳服务空间变化格局

5. 生态系统服务权衡与协同关系研究

生态系统服务类型的多样性，空间分布的异质性，加之人类对生态系统服务使用和管理的选择性和多样性，导致生态系统服务之间往往存在着复杂的相互关系，表现为相互增益的协同关系和此消彼长的权衡关系。在全球变化和人类活动持续加剧的共同驱动下，如何采取有效措施管理生态系统服务之间的权衡和协同关系，对提升生态系统服务的总体效益、保证生态系统服务的可持续供给，实现人类社会和生态系统的双赢具有重要意义。

（1）生态系统服务权衡与协同时空动态变化：通过对整个典型生态脆弱区 1990–2015 年间土壤保持、产水与固碳两两之间的相关性进行动态趋势分析（图 2.15)，其相关系数均通过显著性检验（$p<0.05$）。从整个典型生态脆弱区的年平均水平来看，土壤保持与产水的相关系数为 0.26，固碳与产水的相关系数为 0.32，土壤保持与固碳的相关系数为 0.28，各生态系统服务间均

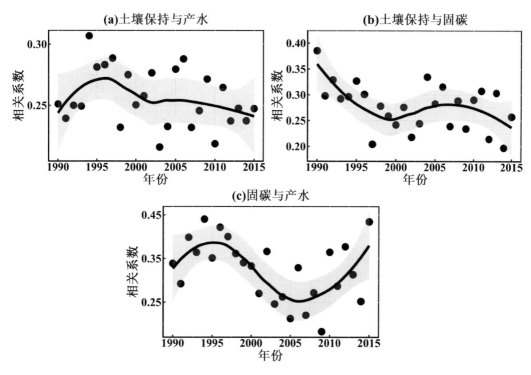

图2.15 1990—2015年典型生态脆弱区生态系统服务权衡与协同关系时间变化趋势

为协同关系，且固碳与产水的协同性较其他两者高。从变化趋势来看，土壤保持与产水、土壤保持与固碳之间的协同性呈减弱趋势，其中以土壤保持与固碳之间下降趋势最显著。

在空间分布上，就土壤保持与产水而言，典型生态脆弱区整体上以显著协同为主，西北干旱荒漠区部分地区出现权衡关系；对于土壤保持与固碳，西北干旱荒漠区的大部分和青藏高寒区的北部以及北方草原区的大部分地区为无相关关系，在青藏高寒区的南部和西南喀斯特地区为较显著权衡和权衡关系交叉分布，黄土高原以协同关系为主；固碳与产水在黄土高原地区主要为协同关系，在西南喀斯特地区以显著权衡和权衡关系为主，而在西北干旱荒漠区、北方草原区的大部分地区以及青藏高寒区的北部则为无相关关系（图2.16）。

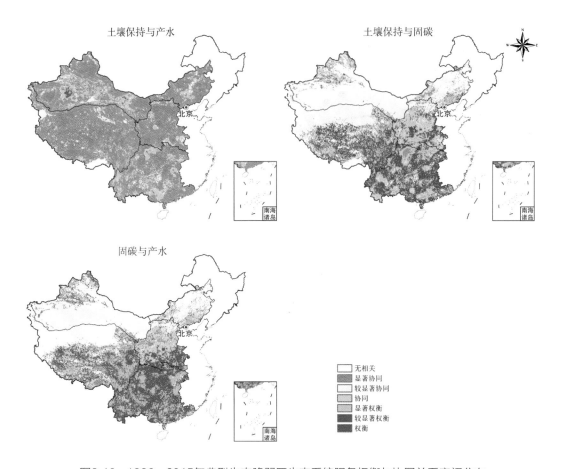

图2.16 1990—2015年典型生态脆弱区生态系统服务权衡与协同关系空间分布

（2）生态恢复对生态系统服务权衡与协同关系的影响：生态恢复工程的实施影响着我国的植被分布。因此，本章节在生态恢复工程大规模实施的背景下，分析生态恢复区和非生态恢复区各生态系统服务权衡与协同的动态变化，以此来探讨生态恢复对各生态系统服务权衡与协同的影响（图2.17）。

从图2.18可知，典型生态脆弱区土壤保持与产水在生态恢复区与非生态恢复区均为协同关系，但两者的差异较小（相关系数均约为0.2）。土壤保持与固碳的权衡与协同关系在恢复区和非恢复区的差异最大，恢复区的土壤保持与固碳的协同程度（相关系数为0.25）要远大于非恢复区（相关系数为-0.004），这表明生态恢复工程增强了土壤保持与固碳之间的协同关系，伴随着固碳的增加，土壤保持也在不断增加，彼此之间相互促进。2000年前，

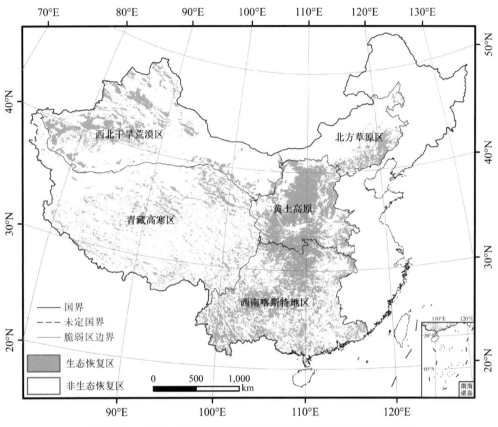

图2.17 1990—2015年典型生态脆弱区生态恢复状况空间分布

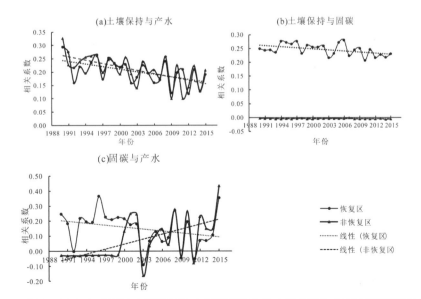

图2.18 1990—2015年典型生态脆弱区生态恢复区和非生态恢复区生态系统服务间相关系数的
动态变化

生态恢复区的固碳与产水为协同关系（相关系数为 0.21），而非恢复区为权衡关系（相关系数为 –0.03）；2000 年之后，恢复区和非恢复区的权衡与协同关系差异减小。整体上恢复区的生态系统服务的协同程度要大于非生态恢复区，且协同关系总体呈减弱的趋势，但因为非恢复区的生态系统比较稳定，而恢复区的生态系统处于恢复阶段，自我调节能力和稳定性较差，难以在短时间内形成稳定且完整的生态系统。所以在相对较短的时间范围内恢复区的生态系统服务的协同程度与非恢复区并没有太大的差异。

就各典型生态脆弱区而言（图 2.19），北方草原区、青藏高寒区、西北干旱荒漠区的土壤保持与产水在恢复区的协同程度均高于非恢复区；黄土

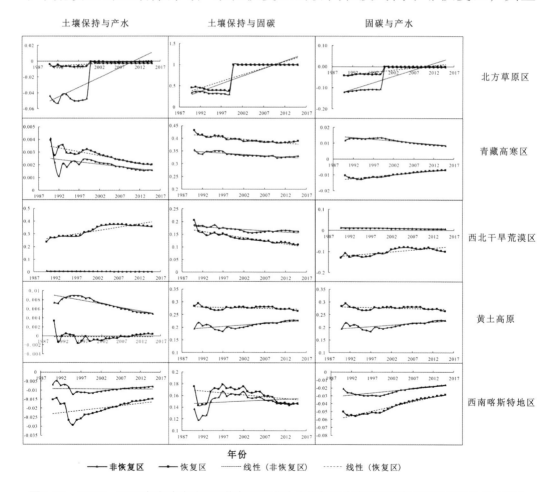

图2.19　1990—2015年各生态脆弱区恢复区和非生态恢复区生态系统服务间相关系数的动态变化

高原在恢复区和非恢复区的土壤保持与产水的相关系数均在 ±0.01 范围内，但非恢复区在 2000 年以后有向协同转变的趋势；西南喀斯特地区的土壤保持与产水表现为权衡关系，从动态变化来看，恢复区权衡程度减弱的趋势明显高于非恢复区，这表明生态恢复减弱了该区土壤保持与产水的冲突关系。各区域恢复区与非恢复区土壤保持与固碳都呈协同关系，除西北干旱荒漠区内恢复区的协同程度低于非恢复区外，其他区域内恢复区的土壤保持与固碳的协同程度均高于非恢复区，表明生态恢复工程增强了生态脆弱区的土壤保持和固碳的协同关系。除北方草原区基本为无相关以外，其他区域恢复区内固碳与产水均为权衡关系，并且权衡关系均呈减弱趋势，这说明生态恢复减弱了各生态脆弱区产水与固碳的权衡关系。总之，从整体上看，生态恢复区生态系统服务的协同程度大于非生态恢复区，权衡关系减弱的趋势高于非生态恢复区，即生态恢复对于生态系统加强协同、减弱权衡有一定的促进作用，这符合生态系统服务加强协同、减弱权衡的生态管理目标。我国的生态恢复工程对于改善生态环境起到了一定的作用，但在个别区域效果依然不理想，如西南喀斯特地区，生态恢复工程还需调整，以此来保障生态恢复的可持续发展。

（四）典型生态脆弱区生态恢复综合效益评估

基于 InVEST、RUSLE、CASA 等模型计算产水、土壤保持、固碳等生态系统服务的时空变化作为生态效益评价指标，结合统计年鉴计算社会经济效益指标，经归一化综合得到生态恢复综合效益指标。基于生态效益指标、社会经济效益指标与综合效益指标来评估典型生态脆弱区生态恢复的综合效益。

1. 典型生态脆弱区生态恢复生态效益评估

图 2.20 可知，典型生态脆弱区生态恢复生态效益自东南向西北递减。2000—2015 年，生态效益表现为上升趋势，这表明典型生态脆弱区生态恢

复生态效益显著。从整个区域来看，生态恢复生态效益基本不变区域面积为320万km²，显著减少区域面积为47.3万km²，不显著减少面积为191万km²，不显著增加和显著增加面积为48.2万km²，呈增加趋势的区域占整个脆弱区总面积的25.79%，且主要集中在区域的中部和东南部地区。

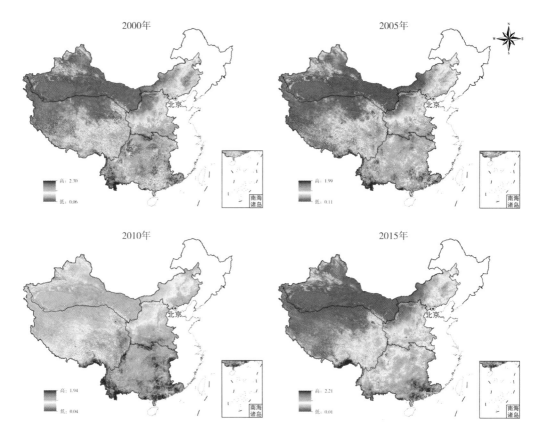

图2.20　2000—2015年典型生态脆弱区生态恢复生态效益空间分布

2. 典型生态脆弱区生态恢复社会经济效益评估

从生态脆弱区社会经济效益空间分布图2.21来看，脆弱区内社会经济效益的高值（0.009）集中在黄土高原和北方草原区的边缘；同时呈逐渐向区域内延伸的趋势，高值（0.009）和中高值（0.005）的分布区域有所增加。2000—2015年，生态恢复社会经济效益在各个区域均呈波动变化的趋势；其中，西南喀斯特地区的社会经济效益最高，多年均值为0.011；其次是北

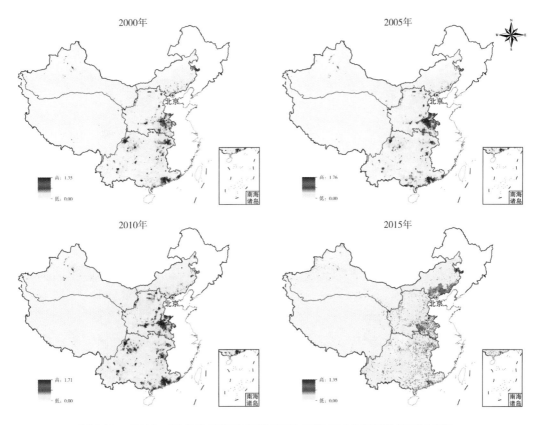

图2.21　2000—2015年典型生态脆弱区生态恢复社会经济效益空间分布

方草原区，社会经济效益为0.005。2011年的生态恢复社会经济效益最高，为0.009；2013年较低，为0.000 6。从整个生态脆弱区来看，社会经济效益表现为整体有减少，部分有增长的变化趋势。

3. 典型生态脆弱区生态恢复综合效益评估

2000—2015年，典型生态脆弱区生态恢复综合效益平均值为0.55，其中，2007年最高，为0.65；2001年最低，为0.44。就各区域而言，西南喀斯特地区最高，黄土高原较高，西北干旱荒漠区最低。从空间分布上看，有42.11%的区域生态恢复综合效益基本不变，26.28%的区域综合效益显著增加。从整个时段来看，脆弱区生态恢复综合效益整体呈波动上升的趋势，且以生态效益为主导（图2.22和图2.23）。

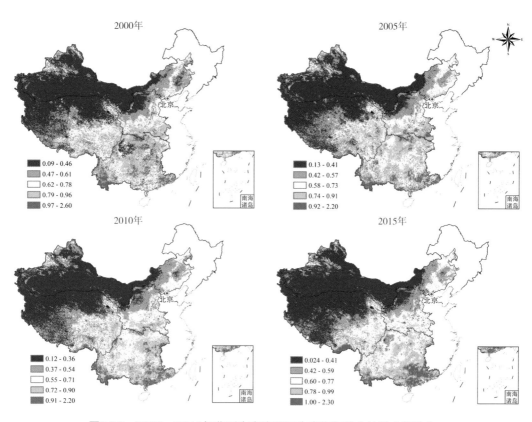

图2.22　2000—2015年典型生态脆弱区生态恢复综合效益空间分布

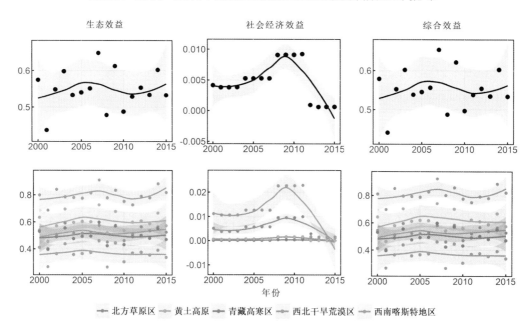

图2.23　2000—2015年典型生态脆弱区生态恢复效益统计

（五）小结

在生态恢复过程中，生态恢复综合效益体现在生态系统结构和质量改善、生态系统服务能力提升等各个方面，并随着生态恢复实施区域的不同，各生态效益之间的显著性与相对重要性也存在差异。2000—2015 年，典型生态脆弱区植被覆盖度有所增长；生态系统服务有所提高，整体提高了 20.86%，其中食物供给增长了 53.45%，土壤保持增加了 23.65%，产水服务提高了 23.31%；生态系统服务空间差异性显著，西南喀斯特地区的土壤保持、固碳和产水服务水平较高，黄土高原、北方草原区和西南喀斯特地区的食物供给服务较好，而西北干旱荒漠区的土壤保持、固碳和产水服务较弱；典型生态脆弱区土壤保持、固碳与产水服务三者总体上呈协同关系，但协同关系呈减弱的趋势；各生态脆弱区土壤保持、固碳和产水三者之间均以协同关系为主，面积占比均在 65% 以上；生态恢复对于生态系统加强协同、减弱权衡有一定的促进作用，生态恢复区生态系统服务的协同程度大于非生态恢复区，动态变化上权衡关系减弱的趋势高于非生态恢复区；典型生态脆弱区生态恢复综合效益总体呈从东南向西北递减的趋势，从高到低依次为西南喀斯特地区、黄土高原、北方草原区、青藏高寒区、西北干旱荒漠区。生态恢复工程的实施，带来了方方面面的变化，使生态脆弱区生态环境得以改善，生态水平得以提高，生态恢复工程取得了良好的生态效益；同时，区域土地利用结构有了不同程度的变化，可再生经济资源数量的增加，农村经济产业结构发生转变，农村生产要素配置得以优化，农民获得了较高的经济收入，生活得到有效改善；生态恢复工程在生态、经济和社会三个方面均产生了巨大的效益，为我国的生态环境与社会经济的可持续发展做出了不可磨灭的贡献。

第三章

北方草原区生态综合治理与恢复

一、北方草原区生态分区及主要生态问题

（一）北方草原区概况

中国北方温带草原东起东北平原，向西经内蒙古高原和宁夏黄土高原，延伸至青藏高原和新疆山地，构成了欧亚大陆草原的东翼。该区域由东北向西南，沿湿润度的降低依次分布着草甸草原、典型草原和荒漠草原。其中，草甸草原东起松嫩草原向西至呼伦贝尔草原中东部，向南至科尔沁草原、锡林郭勒草原东部，年降水量350~550 mm，建群种为中旱生或广旱生的多年生草本植物；中部为温性典型草原区，包括锡林郭勒草原、乌兰察布草原、张家口至呼和浩特一线以北和黄土高原东北部，年降水量350~400 mm，建群种为典型旱生或广旱生植物，以中型丛生禾草为主；西部为温性荒漠草原，包括乌兰察布以西至临河和乌兰布和沙漠以东地区，建群种为强旱生丛生小禾草，经常混生大量的强旱生小半灌木，它是草原中最旱生的植物类群（苏大学，1994）。北方草原区不仅是中国传统的畜牧业基地，还是我国中原地区的绿色生态屏障，在调节气候、涵养水源、固持碳素和防止沙尘暴等方面发挥着极其重要的生态功能。但是，近半个世纪以来，随着载畜率的不断攀升，加之全球气候变化（如干旱）等自然因素的影响，大面积的北方草原发生了不同程度的退化、沙化和盐渍化（图3.1），生产功能和生态功能均显著降低（潘庆民等，2018）。

在国家重点研发计划项目"北方农牧交错带草地退化机理及生态修复技术集成示范""锡林郭勒—乌兰察布高原沙化土地治理与沙产业技术研发及示范"和中国科学院科技服务网络计划项目"重点脆弱生态区生态恢复技术集成与应用"的支持下，我们以内蒙古草原为主体，以从蒙辽交界的科尔沁地区经蒙古高原南缘到陕西、阴山北麓的草原为研究区域，按照土地利用格

图3.1　天然草原的不同风蚀状态（风蚀柱、陡坡风蚀地面、轻度和重度沙化草地）

局将该区域划分为 4 个亚区：阴山北麓农牧交错区、京北农牧交错区、锡林郭勒草原风沙区和蒙辽科尔沁农牧交错区（图 3.2）。

（1）阴山北麓农牧交错区：主要为阴山以北的荒漠草原。区内全年平均降水量为 150~250 mm，年均温为 2~5 ℃，全年蒸发强烈。

（2）锡林郭勒草原风沙区：处于中温带半干旱地带，在水文上属于内蒙古内陆流域，全年平均温度为 –2~2 ℃，年降水量为 250~400 mm。该区是我国典型草原的主要分布区之一，也是我国重要的天然放牧场和畜牧业基地；另外，本区还包括沙化敏感性程度极高的浑善达克沙地，属于我国的防风固沙重要地区。

（3）京北农牧交错区：位于锡林郭勒草原风沙区的东南部、华北平原北部和燕山山脉的北端，属于滦河和海河流域，植被类型丰富，包括林地、典型草原、沙地等。年均降水量为 250~500 mm，年均温为 0~10 ℃。本区域尽管年降水量不高，但是降水较为集中，水土侵蚀和风沙侵蚀压力较大。本区

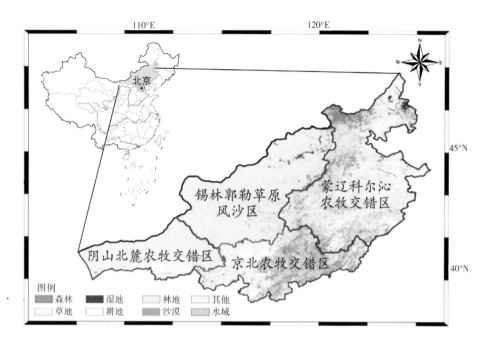

图3.2　北方草原区生态分区示意

域的沙化一度威胁到京津生态安全。

（4）蒙辽科尔沁农牧交错区：处于温带半湿润与半干旱过渡带，自然景观以沙丘或丘间滩地相间分布的坨甸地景观为主，年降水量为400~500 mm。由于该区的地表多被松散的沙质沉积物覆盖，生态系统脆弱，草场退化与盐渍化问题突出，存在土地沙漠化严重和草地景观破碎化、土地沙化及养分贫瘠化等草地退化问题。

北方草原区生态的有效恢复，不但能够提升本区域人民的福祉水平，而且对我国北方的可持续发展同样具有重要意义。北方草原区不仅需要解决生态环境问题，还需要保障本区域的经济繁荣。该区域的部分土地利用是农牧交错的，同时还是我国重要的能源矿产基地，承载了数亿人口。因此，本地区的生态治理，要兼顾生态平衡、经济繁荣和社会和谐，科学布局生态修复、开展系统生态治理、加强人地耦合系统研究，实现本地区的可持续发展（傅伯杰，2021）。

（二）北方草原区生态治理的国家目标

党的十九大提出，到 2035 年生态环境质量根本好转、美丽中国目标基本实现，到 21 世纪中叶生态文明全面提升，实现生态环境领域国家治理体系和治理能力现代化的战略目标。在本区域，各级政府通过加速推进三北防护林、京津风沙源治理、草原沙化治理、退耕还林还草等国家大力积极推动的重点生态环境保育政策和修复工程（Jiang et al.，2006；Bryan et al.，2018），显著缩小了本区域沙化面积，增加了森林和草地的覆盖率。据评估，国家这些生态工程使得本区域的沙化土地面积年均缩减 1 183 km²。

然而，本区域的生态恢复仍然面临新的严峻挑战。按照生态学原理，植被群落的恢复一般经历三个阶段：先锋群落建植阶段、群落结构优化阶段、生态功能的总体提升阶段。在先锋群落建植阶段，表现为植被覆盖度显著增加；在群落结构优化阶段，表现为原生物种增加；在生态功能总体提升阶段，表现为生态系统的土壤和群落功能稳定提升。植被群落在第一阶段或第二阶段的恢复较为容易，只需要 3~5 年时间。但是，此时的群落结构和功能都未达到稳定阶段。按照美国和澳大利亚的风沙草地治理经验，还需要 40~60 年的围封禁牧，才能完成第三阶段的恢复。然而，迫于生计压力和巨大的机会成本，农牧民和其他利益相关者，往往主张在 3~5 年后，在恢复中的草地上重新开展耕种和放牧等经营活动。因此，我们既要保障草地的持续恢复，又需要满足本地农牧民利用草地的现实需求，避免恢复中的退化草地再次陷入"治理—保护—治理"的恶性循环。这是我们下阶段治理的新课题，它将促使我们发展相应的新理论、新技术和新的生态产业模式。

二、北方草原区生态综合治理与恢复的主要措施和效应

自 2000 年以来，国家开始加大草原生态保护和恢复力度，实施了京津风沙源治理工程、退耕还林还草工程、退牧还草工程等一系列重大国家生态工程。政府和学术界在草原生态修复方面积累了相当多的实践经验。修复受损的草原首先需要我们诊断草地退化的原因，并判断草地退化的等级。把退化和沙化的草地科学地划分为轻度、中度、重度等状态，实现分类治理。一般来说，对轻度退化的草原以自然恢复为主，对于中度退化的草原采取适度的人为干预恢复（免耕补播），对于重度和极度退化的草原以人工改良等工程措施恢复为主。同时，当地政府和人民要一起探索可持续的管护方式，对恢复中的草地进行精细化管理，以实现其可持续恢复。

（一）轻度退化草原的修复

1. 封育技术

对于轻度退化的草原来说，草原封育是常用的经济有效的方法。草原封育就是把退化的草原用围栏围封，并禁止放牧和打草，免除家畜过量持续地采食和践踏等干扰，依靠其自然修复能力，逐步恢复草原群落的生产力和物种多样性（潘庆民等，2018）。中国科学院内蒙古草原生态系统定位研究站研究表明，在内蒙古锡林郭勒典型草原轻度放牧强度下，草原封育第 2 年群落的生产力就可以恢复（白永飞等，2016）；对围封 7 年的宁夏荒漠草原进行研究发现，围封草地的地上生物量比轻度、中度、重度放牧分别提高了15.4%、42.0% 和 43.8%，地下生物量分别提高了 11.9%、16.2% 和 27.7%，草地土壤有机碳比重度放牧增加了 18.1%（安慧等，2013）。

2. 浅耕和松耙技术

由于长期放牧，草地土壤受到动物践踏而发生板结，土壤的通气透水性变差，土壤中的微生物活性降低，植物养分和水分的运输受到限制。浅耕是用浅耕机对草原进行深度为 15~20 cm 的耕地作业；耙地是用耙地机对草原进行深度为 10 cm 的耙地作业（图 3.3）。这两种措施可以改善草原土壤的通气透水性能，提高土壤微生物活性，促进土壤中养分的释放，从而逐步恢复退化草原。浅耕技术适用于以根茎禾草为主的退化草地，耙地适用于相对干旱的以大针茅和冷蒿为主的退化草地（潘庆民等，2018）。

3. 养分回补技术

我国北方草原主要的利用方式是放牧和割草。在放牧活动中，养分循环几乎是闭合的，家畜在摄食和消化牧草后，通过粪尿把养分归还到草原上。然而割草和舍饲将大量的养分从草原中移出，导致草原生态系统的养分向域外流失。草原生态系统如果没有足够的养分补充，就会发生退化。养分回补

图3.3　草地耙地作业

是将人类利用草原过程中带走的氮、磷、钾和微量元素等通过人工添加的方式，在不同草原类型、肥料种类、施肥量和施肥时间按照科学的方法进行养分添加，以补充草原流失的养分，帮助草原逐步恢复到原有的状态（潘庆民等，2018；图3.4）。

图3.4　养分回补技术效果
A. 施肥前　B. 施肥后

（二）中度和重度退化草原的修复

退化草地补播是实现退化草地有效恢复的重要措施（图3.5）。在没有机械化之前，牧民们就想到了用巧妙的补播方式恢复草原。在放牧的时候，给牛、羊脖子上挂上塑料盒或铁盒，内装本地野外收集的牧草种子，底部留孔，将牛羊赶到需要补播的草场区域，牛羊在吃草的同时完成了牧草种子的撒播，牛羊的践踏将种子与土壤紧密接触，在有效降水后牧草种子萌发，逐渐长成成年植株，进行自我繁殖更新，恢复退化的草地。随着农业机械化程度的提高，草原免耕补播机械开始用于退化草原的修复。该技术主要包括补播地块的确定、补播品种的选择、补播时期和补播方式、补播量和播种深度、播后管理等技术环节（白永飞等，2016）。基于中国农业大学在呼伦贝尔草原补播黄花苜蓿的试验发现，在补播5年后，草原地上生物量平均增加了34%，粗蛋白含量增加了56%，牧草的相对饲喂价值提高了8.73%（张英

图3.5 东乌珠穆沁旗补播斜茎黄芪效果
A. 补播前 B. 补播后

俊和周冀琼，2018）。

（三）人工草地建植

人工草地是草地管理中集约化程度最高的类型。发展小面积优质高产的人工草地，一定程度上把传统畜牧业对天然草地的依赖转移到人工草地上，减轻了天然草原的放牧压力，是保护和恢复大面积天然草地的有效途径（白永飞等，2016）。根据生态位理论、物种互补和植物群落演替理论，运用多物种配置技术（长寿命牧草与短寿命牧草、深根系牧草与浅根系牧草、豆科与禾本科牧草，以及耐旱品种与喜湿品种的组合），通过机械补播，开展人工草地建植，有助于充分利用各类养分和水分资源，实现人工草地的高产稳产，并提高了利用周期。基于中国科学院植物研究所在内蒙古锡林郭勒盟乌拉盖管理区开展的多物种人工草地建植示范发现，草地牧草产量比天然草原产量提高 1~3 倍，多伦县多品种燕麦混播比物种单播产量提高 55.8%（李昂，2019；图 3.6）。这表明人工草地能为当地提供大量的优质饲草，促进了草地的可持续利用。

（四）沙化草原修复的生态工程技术模式

沙化是草地退化的重要表现之一。草地沙化后，表土丧失，保水和保肥

图3.6　人工草地建植
A.乌拉盖管理区人工草地　B.多伦县燕麦和箭筈豌豆混播人工草地

能力下降，植物难以定植和生长，在风蚀等因素的持续作用下，土壤沙化会进一步加剧。对于这些沙化草地区域，必须通过工程技术手段来固定地表的沙化土壤，以打破水土养分的生态约束，使得生态系统能够达到逐步自我调节和恢复的阈值。其中，将沙障与人工植被恢复措施结合是当前沙化草原恢复最常用的措施。该方面主要是通过设置障碍物降低风速、控制风蚀，以达到防风治沙的目的，同时通过人工植被恢复技术，加速沙化生态系统的重建和恢复，改善土壤环境，逐步修复沙化草原。

1. "四行一带"模式

　　内蒙古自治区农牧业科学院在内蒙古乌兰察布市四子王旗研发了灌草结合的"四行一带"模式进行沙化草地恢复。利用针对灌木移栽设计的六孔钻，首先对沙化草地进行打孔处理，孔深0.30 m，行距1.0 m，株距0.5 m，春季或者秋季移栽华北驼绒藜苗4行成一带，带宽为3.0 m，带间距为6.0 m，雨后在带间用免耕补播机播种冰草，冰草行距30 cm，免耕播种深度2.0 cm，华北驼绒藜和冰草交替种植。这种技术模式在沙化草原恢复中取得了很好的效果，牧草产量提高了30%，植被覆盖度达到30%以上，为后续物种多样性的增加、牧草品质的改善构建了良好的生态环境，在取得一定生态效益的同时，兼顾了经济效益（李昂等，2019；图3.7）。

图3.7　"四行一带"恢复模式
A. 未治理前　B. 治理后第2年

2. "三分"模式

浑善达克地区沙化草原修复的"三分"模式是指在实地调查的基础上，针对 1/3 无植被覆盖的流动沙丘、半固定沙丘和风蚀坑沙地采用人工干预措施进行治理，对另外 2/3 的沙地进行围封和休牧，依靠原有土壤种子库中的种子和现有植被，充分利用自然力量使植被恢复。

中国科学院植物研究所在内蒙古锡林郭勒盟乌拉盖管理区，基于"三分"模式，针对不同地形下的沙化草原提出了不同的治理措施。首先，对风蚀坑沙地用机械整平，然后采用"物理沙障+生物沙障+人工补播+枯草铺设"的组合生态治理方法。将芦苇做成 2.0 m×2.0 m 的菱形网格铺设于沙地中央的严重风蚀区以固定地表沙土，在草方格中播种一年生牧草，协助沙障快速固沙。在陡坡区域用芦苇帘铺在沙地上方，用竹签固定芦苇帘于沙地上，再混播多物种牧草进行固沙（图3.8）。在缓坡区沙地采用"生物沙障+人工补播+苇帘铺设"的方式进行修复，先用黄柳、羊柴和沙蒿等条播以形成沙障，在沙障内混播牧草，并铺设芦苇帘，以起到防风保水的功能（图3.9）。经过4年多的治理，沙化草地恢复效果显著。植被群落高度平均增幅为1.3倍，覆盖度增幅为1.6倍，植株密度平均增幅为2.25倍（刘亚玲等，2018；陈翔等，2019）。

图3.8　陡坡地形下的沙化草地治理前后对比
A. 2016年治理时铺设的沙障　B. 恢复2年后的植被状况

图3.9　缓坡沙地地形下的沙化草地治理前后对比
A. 2016年治理时铺设的沙障　B. 恢复4年后的植被状况

三、北方草原区生态综合治理与恢复的前景及展望

（一）协调草地恢复和利用、实现可持续区域发展

1. 协调生态恢复和牧民放牧需求

从牧民角度来看，协调草地的生态恢复和牧民的放牧需求是当前草地可持续恢复中亟待解决的问题。牧民当下很难采用传统的轮牧方式来实现草地的可持续利用。由于社会主义市场经济发展的需要，我国将牧区草地进行草场确权，赋予牧民草地使用权，将草地分到每个牧民。这一草地制度促进了牧民生计的改善和畜牧业的快速发展，但是也不可避免地导致了草地利用格局的破碎化。在传统生态知识中，草地的合理利用需要维持畜群的移动性，以保证植物有足够的牧后恢复时间。在传统上，牧民将集体草场划分为 3~4 块，分为夏季草场、秋季草场和冬春季草场，不同季节在特定草场进行放牧。可是，当草地划分到户后，牧民户均草地面积一般较小，无法进行季节性轮牧。于是，政府和牧民开始考虑在家庭牧场内开展划区轮牧。然而，实践发现在家庭草场内部进行划区轮牧需要建设大量围栏把草地分割，而围栏建设所需的资金太多，远远超过牧民养畜经济收入的数倍。此外，大量高密度建设围栏，既不利于牧民的行走也不利于野生动物的迁徙，对生态环境有一定的负面影响。

针对这些问题，中国科学院植物研究所提出了"高频轮牧"模式，研制出了成本低、质量轻，便于安装的移动式围栏系统；然后依托新型围栏将草场按大小和地形进行精细规划，将草场划分为 20~30 个轮牧单元，家畜在每个轮牧单元的放牧时间为 2~3 d，之后转到下一个轮牧单元。"高频轮牧"模式能够促进恢复中草地的可持续利用。首先，它可以充分利用每个轮牧单元内的牧草，减少了牧草的浪费；其次，"高频轮牧"模式减少了家畜的游走

时间，增加了休息时间，提高了草畜产品的转化率；再次，相对于舍饲，"高频轮牧"的家畜，其粪便排泄到草地上，补充了家畜移出而损失的养分，有利于牧草的快速恢复；最后，"高频轮牧"还降低了家畜患病的风险，因为家畜在一个区域内放牧超过7天，其粪便会滋生寄生虫和细菌，使家畜容易患病，"高频轮牧"放牧时间不超过3天，大幅降低了家畜患病的风险。同时，在"高频轮牧"系统设计中还加入了许多新科技元素，包括风光能源支持的自动洁净饮水系统、基于无人机平台和近地面多光谱相机的草地生产力快测技术、适用于"高频轮牧"管理体系的牲畜智能监测设备和牧草生态监测技术、牧后草地恢复的物种配置技术和土壤质量提升技术等集成技术，助力草原持续恢复，保障牧民牧场生态功能和生产功能的实现。

2. 区域尺度上的生态系统管理目标

在区域尺度上，北方草原区生态系统担负着为我国人民提供水土保持、防风固沙、气候调节等公共环境产品，以及谷物、肉奶等自然资源的任务。在今后一段时间内，我国北方草原区的生态管理需要实现生态系统服务之间的协同，即提供稳定的公共环境产品和稳定的自然资源。因此，在区域管理方面，当地政府和人民需要进一步解决以下问题。

首先，尽管围封禁牧等应急性的工程措施在一定程度上遏制了北方草原区持续沙化的态势，然而由于水土养分等资源在过去流失太多，植被还很难实现稳定恢复。从生态化学计量学角度分析，牧草和畜产品的长期生产和外运，导致本来就匮乏的氮、磷等大量营养元素及铁、镁、钼、锌等与光合固氮过程密切相关的微量营养元素大量流失。因此，对于一些恢复态势不稳定，甚至出现再度退化的地区，应该继续采取工程技术手段，长久地固定地表的沙化土壤，补足氮、磷等大量元素及铁、镁、钼、锌等必要的微量元素，打破水土养分的生态约束，推动生态系统的持续恢复。

其次，在北方草原区实施养分回补修复，尽管在原理上非常简单，但在实践中却非常困难。大量养分添加实验表明，只有将适当的养分回补，才可以促进草地生态的提升（Bai et al.，2010）；但过量的养分（如氮元素）添加，反而会导致植物多样性降低（Hillebrand et al.，2007；Lan & Bai，2012）。然而，化学肥料成本较高，但大量的化学肥料没有被水分溶解，却暴露在草地上，被太阳暴晒而挥发掉。有时候即使这些肥料被降水溶解而进入土壤，但化学肥料在降水后单次释放量太大，长期在自然界低养分条件下生长的野生植物不像大田作物一样能迅速吸收这些养分，于是这些化学肥料即被降水迅速带到地下深处。在这种情况下，养分不但不能被利用，还会导致地下水被污染。因此，实现兼顾经济可行性和生态恢复的养分回补方案是一个亟待解决的生态工程技术问题。

再次，退化草原的物种多样性没能有效恢复是当前面临的另一个严峻挑战。在退化草原中，恢复中的植物群落结构仍然较为简单，特别是维持生态系统稳定的优质禾本科天然牧草在群落中的比例仍然偏低，不少豆科植物甚至仍处在丢失状态。由于植物群落尚未真正恢复，因此恢复中的生态系统极度脆弱（张新时等，2016；潘庆民等，2018），进而导致草地生产力在气候变化的背景下呈现极不稳定的状态。例如，2016年，厄尔尼诺事件造成了内蒙古草原遭遇了自1953年以来最严重的旱情。全自治区草场发生干旱灾害面积为 2 225 万 hm^2，经济损失达到 115.9 亿元人民币。不仅乌兰浩特市、锡林郭勒盟、赤峰市等地受灾严重，就连向来水草丰美的呼伦贝尔地区也出现了 67 万 t 左右的越冬草缺口。在过去数十年，我们采取草地飞播、人工补播，甚至移栽等技术，向天然草地补充种子等繁殖体。可是，这些补播飞播的效果非常不好。因此，如何快速地重构草地物种的多样性，仍然是我们下阶段面临的重大挑战。

最后，在国家和区域的管理政策方面，我们还要理顺开垦、放牧和草地生态保育之间的关系。北方草原区属于欧亚草原，千百万年来植物与草食动物通过长时间的协同进化，具备高效的耐牧属性，在被草食动物啃食后能够实现补偿性生长。同时，在这一区域有灌溉条件的地方，如河套平原、西辽河平原能够可持续地维持高产农业区，可给本区域的畜牧业提供有效的饲草料支撑。此外，随着社会经济和技术条件的进步，长期困扰北方草原区的农牧矛盾已经被解除了。因此，在北方草原区实现放牧、开垦、生态保育之间的平衡是有可能的。然而，当前草原生态系统中人—草—畜的结构性矛盾仍然突出。尽管我们采用行政手段，应急性地压缩了载畜量，农牧民做出了很大牺牲，但是超载过牧问题仍然没有得到有效解决。如何通过高产的人工草场和作物秸秆，纾解放牧牲畜对草原区的放牧压力，是本区域下一阶段草地生态系统可持续管理的核心问题。

（二）给公众和政策制定者的建议

1. 划定生态保护红线，科学布局国土生态安全空间

在北方草原区，基于各生态功能区的主体功能和生态敏感性，划定生态保护红线，推进和优化以国家公园为主体的自然保护地体系建设，完善国家级自然保护区空间布局，科学配置草地的生态功能。同时，加强北方草原区生态功能区划实施同《全国重要生态系统保护和修复重大工程总体规划（2021—2035年）》的衔接，从自然生态系统演替规律和内在机制出发，科学布局北方重要生态系统保护和修复重大工程（白永飞等，2020）。

2. 统筹生态和生产用水比例，创新畜牧业发展模式

基于水资源承载力及其空间分异和动态变化，统筹和优化生态、生产、生活等用水比例是维持和提升北方草地生态系统服务的重要抓手。在湿润半湿润草原区、农牧交错区及部分绿洲区，根据水资源的承载力，利用部分进行轮作和休闲的耕地，发展适度规模的高效人工草地和营养体农业，从而提升饲草和饲料的生产力水平，减少畜牧业对天然草地的过度依赖，创新畜牧业发展模式，是加速退化草地恢复的有效途径（白永飞等，2020）。

3. 缓解牧区草畜矛盾，提升草地生态功能

超载过牧是当前北方草地面临的突出问题，也是导致草地大面积退化的

重要原因。坚持保护优先的原则，根据草地的退化程度和利用状况，因地制宜地采取禁牧、休牧、减牧、轮牧及打草场轮刈休闲等草地管理措施，从根本上减轻长期过度利用对草地的压力。这是缓解牧区草畜矛盾，加速退化生态系统自然恢复和自我修复，提升其生态功能的重要抓手（白永飞等，2020）。

4. 根据草地退化程度和特点制订科学的恢复策略

草地生态系统保护和修复是一项长期的任务，应根据草地的退化程度和特点，因地制宜地制订科学的修复措施、技术模式、成效评价和产业化管理模式（图 3.10；白永飞等，2020）。

植被建植　　　　　　　结构优化　　　　　　结构优化功能提升
先锋植物为主　　　　原生群落优势物种　　生态系统功能和稳定性
　　　　　　　　　　　　多度增加　　　　　　　显著提升

管理措施：禁牧　　　　　　　轻度利用　　　　　　　合理利用

图3.10　重度退化草地生态修复的3个关键阶段（白永飞等，2020）

5. 提升饲草收获与加工的科技水平

我国草原牧区植物生长季较短，冬季漫长，风雪灾害频发，繁殖母畜是否能安全越冬很大程度上依赖于秋季干草的储备。目前，我国草原牧区牧草收获加工过程中由于干燥时间延长和叶片脱落引起的粗蛋白、维生素损失巨大，加上饲草储备设施简陋，使干草品质进一步降低，不能满足繁殖母畜对饲草的营养和能量需求，草原畜牧业难以摆脱粗放、落后的经营模式。因此，亟待大力研发和推广饲草收获、压扁、打捆、加工、储藏等新装备、新工艺和新技术，提升饲草收获与加工的科技水平，实现饲草储备"粮食化"（白永飞等，2020）。

6. 实现牧民收入的多元化

探索适合我国草原牧区特点的家庭牧场、牧民协会、牧民合作社等规模化经营模式，创新和完善我国牧区科学发展的体制和机制。同时，适度发展生态旅游、民族文化、特色生物资源产业，实现牧民收入的多元化（白永飞等，2020）。

第四章

黄土高原水土流失综合治理与恢复

一、黄土高原生态分区及主要生态问题

（一）黄土高原生态分区

黄土高原地域广阔，气候类型多样，自然地理条件复杂、空间组合变化明显，水土流失与治理模式区域差异显著（舒若杰等，2006；张青峰，2009）。为了有效治理水土流失，因地制宜、科学化、区域化、具体化地配置治理方案与措施，需要对黄土高原进行区域划分并分区提出防治对策（唐克丽，2004；张洪江，2008；国家发展改革委，2010；穆兴民等，2019）。国家发展和改革委员会（2010）依据专题性分区、自然条件和资源组合特征的相对一致性、综合治理措施的相对一致性、行政区界的相对完整性、综合治理方案实施和监督管理的差异性、趋同性和类聚性等原则，将黄土高原划分为 6 个综合治理区，即黄土高塬沟壑区、黄土丘陵沟壑区、土石山区、河谷平原区、沙地和沙漠区、农灌区。根据治理模式的区域性差异，在国家发展和改革委员会六大分区的基础上，进行适当的合并和划分，把黄土高原划为 4 个亚区（图 4.1）。

1. 黄土高塬沟壑亚区

位于黄土高原的西南部，典型地区包括陇东董志塬、渭北洛川塬等高塬沟壑区和渭北东部及山西西部的残塬沟壑区，地形地貌主要由塬面、沟坡和沟谷三大地貌单元组成，土地利用以农、林、牧业用地为主。该区农耕历史悠久，是黄土高原地区农业生产条件较为优越的地区，农业用地主要分布在塬面、沟坝和川台。

2. 黄土丘陵沟壑亚区

位于黄土高原中部，是黄土高原地区最典型的地貌单元之一，以峁状、梁状丘陵为主，沟壑纵横、地形破碎、土壤质地疏松。该区是中国乃至全球

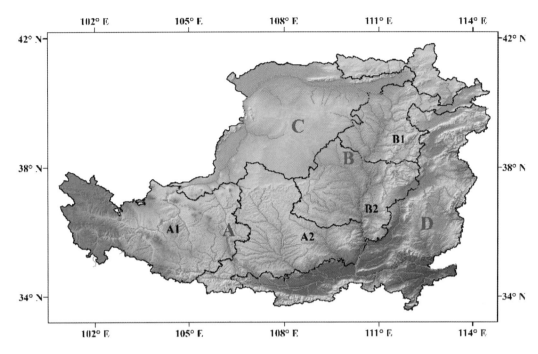

图4.1　黄土高原针对水土流失问题的生态分区方案

A. 黄土高塬沟壑亚区　B. 黄土丘陵沟壑亚区　C. 沙地及农灌亚区　D. 土石山区及河谷平原亚区

水土流失最严重的地区之一，主要以沟蚀和面蚀为主，沟蚀主要发生在坡面切沟和幼年冲沟，面蚀主要发生在坡耕地上。

3. 沙地及农灌亚区

位于黄土高原西北部，沙地及沙漠区气候干旱、降水稀少，年降水量在400 mm 以下，蒸发量大，水蚀模数小，风蚀剧烈，沙尘暴灾害频繁，土地沙化严重，地貌上以毛乌素沙地地貌类型为主。农灌区主要为河套地区和宁夏沿黄地区，水源比较充足，分布着大片绿洲和大型农灌区，植被以农田防护林和农作物为主。

4. 土石山区及河谷平原亚区

位于黄土高原东部，山地多为薄层黄土所覆盖，植被条件较好，是黄土高原重要的水源涵养区，水土流失较轻。河谷平原区位于渭河、汾河谷地。区域内地势低平，水土流失较轻，侵蚀模数在 1 000 t/ $km^2 \cdot a$ 以下，水量相对充足，光热资源丰富，是重要的农业区和区域经济活动的中心地带。

（二）各生态分区主要生态问题

1. 黄土高塬沟壑亚区

黄土高塬沟壑亚区水土流失的主要生态问题是塬面侵蚀，水土流失中的泥沙主要来自沟谷，径流主要来自塬面；区内水土流失形式主要特征为：塬面以溅蚀、面蚀、细沟侵蚀或局部冲沟侵蚀为主。大面积植被恢复由于水分不足，植被生长困难，人工植被恢复难度较大，必须结合工程集水措施开展植被恢复。另外，该区域植被恢复多以水土保持为目的，人工植被的经济效益较低，不能给当地群众带来直接的经济收益，水土保持工作的群众参与度不高，亟须提出面向水土保持和社会经济效益提升的水土保持新模式。

黄土高塬沟壑亚区需要综合运用工程、生物和耕作措施进行综合治理。工程措施包括坡面防护工程、沟道治理工程、小型蓄水用水工程等。坡面防护工程主要有梯田、水平沟、水平阶等，主要通过改变微地形来防止坡面水土流失，就地拦蓄雨水，为作物、林木和其他植物生长增加土壤水分，同时可将拦蓄的地表径流引入小型蓄水工程，进一步加以利用。沟道治理工程包括沟头防护工程、淤地坝、谷坊、拦沙坝、骨干坝等，主要用于防止沟头前进、沟床扩张和沟底下切，减缓沟床纵坡比降，调节洪流量，减少泥沙含量，使其安全排泄。生物措施是保持水土的根本性措施。主要包括人工造林种草和封山育林育草。生物措施主要作用在于增加地表植被，保护坡面土壤不被雨滴击溅和暴雨径流的冲刷。

2. 黄土丘陵沟壑亚区

该区草场质量较差、载畜量较低，畜牧业生产比较落后，因过度放牧导致草场退化严重；植被覆盖度比较低，农村生活能源缺乏，水源短缺，群众生活十分困难。由于自然气候和人类过度经济活动，区内植被退化较为严重，但自退耕还林等生态工程实施以来，区内植被得到较好恢复。目前区内存在的主要生态问题是强降水或暴雨引起的大量超渗径流导致的严重水土流失。

黄土丘陵沟壑亚区现已形成的生态恢复模式，是长期经受实践筛选和考验的结果，对今后该区域的生态治理与恢复具有重要指导作用。借助大数据挖掘、地理空间分析、地学信息图谱等现代信息技术，对黄土丘陵沟壑亚区生态恢复宝贵经验进行深度挖掘并形成了新的认知，以此为基础，践行山水林田湖草沙综合治理理念，统筹治理水土流失、增加经济收入、改善人居环境、提升景观、发展休闲旅游、防治山地灾害等多目标，加强水土流失治理与区域社会经济发展的融合，实现黄土高原水土流失治理模式的智能化构建。

3. 沙地及农灌亚区

沙地及农灌亚区中沙地区域由于长期过牧滥牧造成比较严重的草原退化和沙化，相当一部分固定、半固定沙丘被激活形成移动沙丘。农灌区域由于气候干旱和地下水位较高，土地盐渍化较重，不适当的引水和灌溉导致了耕地大面积的次生盐渍化；另外，不适当地抽取地下水，导致了地下水位下降和地表植被死亡。

沙地及沙漠区内，以保护、恢复和增加现有植被为重点，实行生物措施与工程措施相结合，人工治理与自然修复相结合，建设以乔灌草、多林种、多树种结合的防风固沙林为重点的沙区生态防护体系。对沙化土地通过人工造林种草、封沙育林育草、人工补播等方式促进植被恢复，全面实行封山（沙）禁牧、舍饲圈养，禁止滥垦、滥伐，进而改变畜牧业生产经营方式，在条件适宜地区发展人工种植草料基地，促进草场休养生息。在有条件的地方坚持治理与开发相结合的方针，发展沙区特色林果、农副产品加工业。

对于农灌区，主要是完善和发展农田防护林体系建设，在沙漠边缘形成大型阻沙林带。加强基本农田建设和保护，培肥地力，发展节水农业，推广农田节水技术，促进水资源的保护和土壤盐渍化的防治。对阴山、贺兰山等山地，加大封育措施实施力度，辅以必要的坡面治理和人工种植措施，以促进植被的恢复和保护；对沟道实施必要的水利工程建设和防治措施，并将沟道与山前洪积、冲积扇区的治理相结合，山内与山外治理相结合，拦沙、拦洪和淤地造田统筹兼顾，通过综合治理促进山地水土流失的防治。

4. 土石山区及河谷平原亚区

土石山区由于过度放牧、过度樵采等原因，局部地区存在较强的水土流失。河谷平原区，由于地势低平，部分地区排水不畅，灌溉方式不合理，有次生盐渍化现象。

土石山区整体植被情况较好，水土保持工作应以水源涵养，防治土壤流失、侵蚀及地质灾害为主，兼顾发展山地果业和经济林等产业的生态治理模式。河谷平原区是粮食主产区，水土保持工作应放在农田防护林建设和流域综合治理方面。

二、黄土高原水土流失综合治理与恢复的主要措施和效应

黄土高原水土流失控制和治理历来受到国家的关注。20世纪50~70年代，我国主要开展了植树造林、梯田和淤地坝建设工程（Fu et al.，1989；Liu et al.，1999）。20世纪80~90年代以开展小流域治理和三北防护林体系建设为主，2000年以来重点开展退耕还林还草工程、坡耕地整治和治沟造地工程（邵明安等，2016；刘国彬等，2017）。从总体上看，黄土高原目前实施的水土流失治理措施和工程均取得了显著的生态效益，区域生态系统服务整体向健康方向发展。研究总结了黄土高原水土流失综合治理与恢复的主要模式及效应，为黄土高原地区水土流失治理、生态环境保护与修复提供了重要支撑。

（一）高塬沟壑区林灌草优化配置恢复模式

1. 模式概述

黄土丘陵沟壑区气候干旱，水土流失严重，自然灾害频繁、生态平衡严

图4.2　乔灌草优化配置示意
A.水平阶乔草种植　B.水土保持林与梯田果园　C.粮果板块种植

重失调，加上燃料、饲料和肥料（简称"三料"）奇缺，给当地群众生产、生活带来了许多困难。针对上述情况，提出林灌草优化配置恢复模式，在该区域进行植被恢复重建，在整地的基础上进行合理的乔灌草空间配置，既考虑了植被的生态适应性，又坚持了植被分布的地域性（图4.2）。

2. 主要技术措施

在缓坡耕地修建梯田种植粮食作物，陡坡地修建反坡梯田及鱼鳞坑等、种植林果灌草，都可以促进降水就地拦蓄入渗，减少径流、保持水土、保护土地生产力，做到水不出田、土不下山、泥不出沟。通过坡面的梯田化，对降水进行就地入渗，对上方径流进行拦截，同时梯田的修建为果园、农作物的种植提供了条件。通过水平阶、水平沟、鱼鳞坑种树种草，改变了坡面地形，拦蓄了径流，在增加树木存活率的同时起到了调节坡面径流的作用。

图4.3　示范区乔灌草优化后降水无害化与资源化示意
A. 水平沟乔草种植　B. 果农林复合　C. 人工种草　D. 淤地坝

通过营造梁顶防护林，防风固土，防治水力侵蚀和水沙下泄，减少了向下的径流；营造水土保持林可固土护坡，拦蓄径流，改良土壤条件。荒缓坡及山顶人工种草植灌，增大了坡面地表糙度，减少了径流对坡面的冲刷作用，同时也适应了当地干旱条件，可以合理分配水资源。沟道中围绕拦蓄上方的来水来沙实施淤地造田，在沟道内兴修淤地坝和排洪建筑，防洪保收，配合沟道防护林对沟道进行保护（图4.3）。

3. 技术模式试验示范生态恢复效果与应用推广前景

根据不同区域灵活选择治理模式的基本配置是减少区域水土流失、改善土壤条件的有效手段。该模式配置多元，对不同区域环境的适应性较强，推广较为方便。

（二）高塬沟壑区坡面水土保持乔灌草配置模式

1. 模式概述

人工乔灌植被（刺槐、侧柏、油松、山杏、山毛桃、柠条、沙棘）—自然草地—工程整地（反坡梯田、隔坡反坡梯田、水平阶）配置模式，土壤侵蚀模数低，植被群落结构稳定，植物物种多样性较高，可有效改善坡面植被覆盖度，适宜阳坡坡面植被恢复与水土保持。该模式适用于水土流失严重、植被恢复困难的干旱、半干旱黄土高塬丘陵沟壑区。

图4.4 定西龙滩流域同一坡面植被配置模式实施前后对比
A. 治理前 B. 治理后

2. 主要技术措施

该模式为乔灌草立体配置。主要适宜物种，乔木有刺槐、侧柏、山杏、油松；灌木有柠条、山桃、沙棘、甘蒙柽柳。模式结构包括侧柏—柠条—自然草地、山杏—柠条—自然草地、柠条—自然草地等；针阔混交林群落密度在 3 300~4 500 株 /hm^2，乔灌混交林群落密度在 6 600~ 10 000 株 /hm^2。空间结构呈水平带状分布；整地方式主要有鱼鳞坑、水平沟、反坡梯田、水平台、漏斗式集流坑等（图 4.4、图 4.5）。

图4.5　定西龙滩流域坡面不同植被配置模式效果
A. 杨树—山杏—沙棘—自然草地配置模式　B. 云杉/华北落叶松—沙棘—自然草地配置模式
C. 侧柏/山杏—柠条—自然草地配置模式　D. 油松—反坡梯田配置模式

3. 技术模式试验示范生态恢复效果与应用推广前景

　　该模式采取了不同植被在空间上的立体配置，明显增强了植被的水土保持和防护功能，增加了人工林系统的稳定性。模式中不同配置结构在生长季节降水量和土壤水分储量基本保持平衡，说明系统中水分可以满足该群落生长发育，植物群落物种多样性和丰富度得到显著提高。

（三）丘陵沟壑区小流域水土流失治理模式

1. 模式概述

　　该模式的核心是以小流域为单元的水土流失治理模式，有利于从水沙运行规律和生态景观的基本理论出发，统一规划，科学安排农林牧业生产，合理配置水土保持措施，发展科学的治理范式并推广。开展小流域治理，合理地开发流域内的自然资源、发展生产、提高经济效益，与实际情况相结合，因地制宜地发展多种经营，强调生态效益和经济效益并重的治理与开发思想。适用于水土流失问题严重，治理与开发相结合的黄土高原丘陵区。

2. 主要技术措施

　　在小流域内水土通过农业措施、林草措施和工程措施的有机结合，构成了流域综合治理措施体系，在坡面上主要通过水土保持与防风固沙技术，如构建坡面水土保持林、水保经济林等来配合梯田、水平阶等工程措施，拦蓄径流，减少坡面水力侵蚀和风力侵蚀的相互促进；根据沟道条件合理布设淤地坝体系，拦蓄泥沙淤地造田，增加坝地农田的使用，以达到优化区域内农田结构的目的（图4.6）。

3. 技术模式试验示范生态恢复效果与应用推广前景

　　本模式通过各种措施最大限度地减少了地表径流，减弱了径流冲刷作用，通过调控流域内径流的再分配，减弱和延缓了泥沙的搬运和迁移。合理开发流域内的自然资源，发展生产，提高经济效益，与实际情况相结合，因地制宜地发展多种经营，强调以生态效益、经济效益并重的开发理念。

图4.6 神木六道沟小流域生态经济治理模式

A. 鱼鳞坑种树　B. 水土保持经济林　C. 草灌种植　D. 梯田

（四）丘陵沟壑区侵蚀沟道水土保持治理模式

1. 模式概述

　　柠条/沙棘/甘蒙柽柳/柳树—自然草地沟道/工程治理模式，可以有效拦蓄径流和泥沙，沟头修筑谷坊、沟道修筑淤地坝进行层层拦截，沟坡根据具体地形条件选择鱼鳞坑、水平沟等整地方式。

2. 主要技术措施

该模式树种选择：乔木有青杨、刺槐、侧柏，灌木树种有甘蒙柽柳、沙棘、紫穗槐、柠条。物种配置：侧柏—柠条—自然草地、山杏—柠条—自然草地、柠条—自然草地；空间结构呈水平带状分布。该模式能有效地控制沟道土壤侵蚀，提高侵蚀沟道植被覆盖度和生物多样性，有效保育沟道，但在高强度降水条件下其水土保持的效益会受到一定的影响。

3. 技术模式试验示范生态恢复效果与应用推广前景

工程措施可对径流形成层层拦截，流域沟道具有良好的土壤水分条件，通过在土埂、沟底和沟坡栽植乔灌木树种，加固土埂，使工程和生物措施有机结合，形成生物＋工程的沟道水土流失防御体系（图4.7、图4.8）。

图4.7　侵蚀沟道生物+工程治理实施前后对比图

图4.8　青杨—自然草地沟道治理植被配置模式

（五）土石山区标准石坎梯田治理模式

1. 模式概述

土石山区水土流失严重，自然条件恶劣，梯田在农业生产乃至全省经济社会发展中占有重要地位。与坡耕地相比，梯田土壤的含水量明显提高、土层储水量显著增加，保水效益可达到 70% 以上。因此，利用当地沟道内的砂石料和混凝土预制构件筑坎，以此加快标准石坎梯田的建设，具体包括标准化石坎梯田施工技术、梯田配套工程建设技术以及低标准梯田升级改造技术。

2. 主要技术措施

低标准梯田改造时采取的"一田两作"种植方式虽然会造成耕作不便，但可以控制新修梯田当年的减产幅度，对保持粮食产量稳定有一定作用。梯田建设还应与发展特色优势产业和乡村振兴相结合，在土地流转中加强梯田及配套工程建设。低标准梯田的主要问题是田块田面窄、不平整，田埂坎不牢固，利用率低；道路少且标准低；排水沟、蓄水池等蓄排设施布设不到位，使坡面径流没有得到良好的调控利用。低标准梯田改造主要采取小块并大块、修整田面、加固埂坎，充分利用配套较完善的田间道路和蓄排设施，提高施工质量，保证田面水平、埂坎稳定、配套设施运行良好（图 4.9）。

3. 技术模式试验示范生态恢复效果与应用推广前景

标准化梯田建设是区域生态环境治理的主体工程，项目实施后，区域综合治理的生态效益主要体现在以下四个方面：一是水圈生态效益。梯田建设使降水产生的径流就地入渗，减少了径流总量，避免了强降水产生大量的径流，提高了地表径流利用率。二是土圈生态效益。通过综合梯田及其配套体系的逐步建成，可减少泥沙流失，提高土壤抗旱保墒能力和肥力水平，改善土壤环境，促进土壤生态系统良性发展。三是气圈生态效益。通过项目实施，区域的气温、湿度、光照辐射强度等发生变化，增强大气的环流，调节了小气候，减轻了霜冻等农业气象的危害，改善了生态环境。四是生物圈

图4.9　山西昔阳县大寨标准石坎梯田景观

生态效益。通过对土壤及水分的调控，使动物间、植物间保持相对平衡与稳定，特别是现有植物生长状况得到很好的改善，植物得以较快地生长和较好地恢复，林草覆盖度增大，示范点生态环境得到逐步好转。

（六）沙区生态防护体系模式

1. 模式概述

根据沙区立地条件的差异，结合乡镇、农户的居住习惯，兼顾生态修复与农民增收，走沙产业持续发展的沙地利用之路。立足对立地条件的综合治理与利用，形成滩地绿洲高产核心—软梁沙地半人工草地与低矮沙丘、沙地林果灌草园—硬梁地与高大沙丘及半固定沙丘、流动沙丘防护放牧灌草地的"三圈"防护体系，从而构建沙地草地区可持续发展的沙漠化防治生态经济管理模式。该模式适用于因过度放牧造成比较严重的草原退化和沙化的沙区。

2. 主要技术措施

沙区生态防护体系模式按照沙漠绿洲工程系统建设的有序配置，以绿洲为核心，向周边发展，在绿洲外围建立封沙育草（灌）带式防风固沙林，绿洲边缘营造大型基干防风防沙林带或环滩林带，绿洲内部营造"窄带林、小网格"的农田防护林网，林网内实行农林混作，并开展"四旁"植树，绿洲内外的零星小片夹荒地建立小片的经济林和薪炭林等。从绿洲外围到绿洲内部，根据不同生境和需要，构成一个多林种、多树种、多功能、多效益的"带片网、防经用和乔灌草"相结合的防护林体系（图 4.10、图 4.11）。

3. 技术模式试验示范生态恢复效果与应用推广前景

沙区生态防护体系模式已在样地、小流域和区域等多个空间尺度广泛实施，根据研究区的景观和立地条件，灵活利用和引进先进的技术，使植被恢复率得到大幅提高，生态环境明显改善，沙区农民的生态文明效益和经济收入显著提高，是一种切实可行且效益良好的综合治理模式，该技术可复制、可推广、可持续，应用前景广阔，研究成果已得到社会各界的高度关注，可在生态环境近似的毛乌素沙地、库布齐沙漠和乌兰布和沙漠大面积推广示范。

图4.10　沙区生态防护体系模式范式
A. 硬梁地保水固沙育草　B. 软梁地经济果林　C. 滩地绿洲高效农业

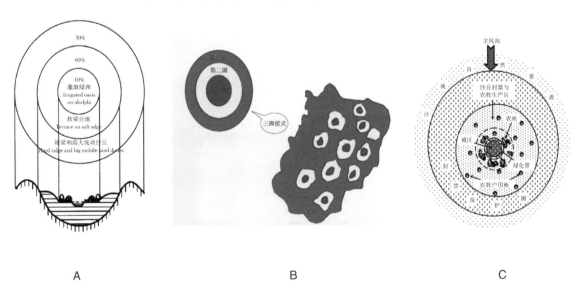

图4.11　不同尺度的沙区生态防治模式
A. 鄂尔多斯沙地景观格局与三圈生态防护模式　B. 毛乌素沙地景观格局与三圈生态模式
C. 城镇三圈生态防护模式

（七）农灌区节水农业模式

1. 模式概述

针对宁夏河套灌区水资源供需矛盾，大力发展了节水农业模式。根据立地特征划分出河套灌区 5 个比较完整的农业节水分区，分别建立了银南改造区节水技术模式、银北中低产田改造区节水技术模式、井渠结合节水技术模式、贺兰山东麓及边缘扬水地区节水技术模式和生态建设区域节水技术模式。

2. 主要技术措施

（1）银南改造区节水技术模式：以高效利用黄河水为目的，大力推广渠道防渗衬砌技术、畦田灌水技术、水稻控灌技术、农业节水技术（包括农业种植结构调整、耕作保墒、地膜覆盖、化学制剂抗旱保墒、作物使用抗旱品种等）、管理节水技术（包括节水型灌溉制度、水量优化调配管理、田间灌溉用水调配、水价政策等），并在无法用渠道灌溉的城郊地区实施"机井 + 城郊大棚滴灌"等技术措施。

（2）银北中低产田改造区节水技术模式：在中低产田改造区通过实施"井渠结合、以渠补源"来实现水资源的高效可持续利用，节水技术模式包括渠道防渗衬砌、沟畦规格改进、平整土地、地膜覆盖灌水、农业节水措施和以井补灌等技术。

（3）井渠结合节水技术模式：将井渠结合和节水灌溉结合，实施低压管道输水、田间地面软管和农艺节水相结合的措施。

（4）贺兰山东麓及边缘扬水地区节水技术模式：它分为贺兰山东麓地区节水技术模式和边缘扬水区节水灌溉模式。前者以高效利用深层地下水为目的，以种植经济作物为主，通过节水灌溉技术提高灌溉水的产出效益；后者主要对干、支渠等输水工程进行防渗处理的同时，充分挖掘灌区田间节水潜力，提高节水技术水平，同时结合种植结构调整、耕作保墒等农业节水技术加强灌溉管理，进一步提高水的利用率和水分的生产效率。

（5）生态建设区域节水技术模式：包括节水农业技术模式、林业生态工程技术模式和草地培育改良与高效利用技术模式（图4.12）。

图4.12　农灌区节水农业模式
A. 宁夏河套地区节水灌溉农业　B. 宁夏河套地区喷灌农业　C. 宁夏河套地区灌溉农业景观

3. 技术模式试验示范生态恢复效果与应用推广前景

节水农业是干旱、半干旱地区农业发展的方向，节水灌溉既减少了地上和地下水的开采，又减少了灌溉后土壤的无效蒸发。这种模式一方面大大提高了水分利用率，增加了作物产量；另一方面又确保了林草植被的基本生态用水，防止植被退化。该模式加快了植被自然恢复的速度，减轻了土地退化和沙化的程度。而该技术前期工程投资较高，投资回收周期相对较长，但经济效益和社会效益显著，需要政府扶持或企业参与。

三、黄土高原水土流失综合治理与恢复的前景及展望

（一）黄土高原水土流失治理措施存在的问题

1. 部分有负面效应的水土流失治理模式急需经营维护

经过长期生态建设，黄土高原人工生态林面积已有较大规模（约 7.47 万 km^2），部分人工生态林由于营建不合理，出现了林木组成和结构单一、植株密度过大、生物多样性低、土壤环境干旱化和大面积衰退等问题，影响着植被稳定性和生态服务功能的发挥，难以满足新时代生态文明建设的需求，急需进行结构改造和功能提升（李相儒等，2015；金钊，2019）；有研究表明，黄土高原现有的人工植被盖度已经接近了该地区水分承载力阈值，不合理的人工林建设可能对区域水文循环和社会用水需求造成不利影响（Feng et al.，2013）。

另外，黄土高原经历了长期持续水土流失治理工作，现有的水土保持工程是多批次水土保持建设的累积，存在经营维护不足的现象。水土保持低功能林面积较大，梯田淤地坝缺乏维修和管护，低效粗放经营经济林较为普遍。梯田、淤地坝等工程日常经营维护不足，存在不同程度年久失修、水土保持功能发挥不充分的问题。如何对黄土高原现有水土保持工程开展有效的经营维护，改造提升水土保持功能，是今后黄土高原水土流失治理的重要工作方向（Fu et al.，2017；刘国彬等，2017）。

2. 水土流失治理理念亟待更新

十九大以来，生态文明建设进入新时代。黄土高原水土流失治理理念需要紧跟时代步伐，用习近平生态文明思想指导黄土高原水土流失治理工作。目前，黄土高原水土流失治理仍以减缓水土流失和增加耕地面积为主要目标，这与国家生态文明建设要求还存在距离。践行"绿水青山就是金山银山"的

绿色发展理念，统筹山水林田湖草系统治理，以水土流失治理为抓手建设美丽中国，形成绿色发展的生活方式，赋予新时代黄土高原水土流失治理更多目标和使命（李相儒等，2015）。

3. 水土保持治理目标过于单一

当前黄土高原水土流失治理目标与社会需求存在一定脱节现象。新时代背景下，黄土高原需求已从过去减少水土流失、增加粮食供给能力，转为提升生态环境质量，改善人居环境，增加经济收入，促进城乡社会经济繁荣。传统水土流失治理目标过于单一，与新时代对水土保持要求不匹配。今后，水土流失治理目标需要更多地考量区域社会经济发展，统筹山水林田湖草沙多种要素，实现生态建设与社会经济发展的高度融合，赋予水土保持更加系统综合的治理目标（朱显谟，1998；金钊，2019）。

4. 水土流失治理对农民增收贡献不大

黄土高原水土流失治理增强了粮食供应能力，改善了当地生态环境，但对农民收入增加贡献的比重不高。长期以来，黄土高原水土流失治理以政府投资和补助为主，农民对水土流失治理投入积极性不高。如何更好地治理黄土高原水土流失，优化产业结构，并与增加农民收入相结合，让农民从中得到更多实惠，形成生态系统健康可持续和农民增收脱贫不返贫的水土流失治理新模式，是当前亟待解决的问题（刘彦随等，2017；邹长新等，2018）。

（二）黄土高原水土流失治理前景及展望

1. 践行新时代水土流失治理新理念

黄土高原水土流失治理应该走出传统水土流失治理理念，赋予水土流失治理更多使命，建立人与自然和谐共生、山水林田湖草沙系统治理、美丽乡村建设和乡村振兴产业发展等新时代水土流失治理新理念。水土流失治理不仅是减少土壤侵蚀，增加耕地面积，更重要的是提升景观品质，改善人居环境，优化经济产业结构，助推区域社会经济增长。以山水林田湖草作为一个生命共同体理念为指导，践行"绿水青山就是金山银山"的绿色发展观，通过区域水土流失治理与社会经济发展的深度耦合，构建新型水土流失治理模式，提升区域社会经济可持续发展能力，助力稳定脱贫机制形成与构建，促进乡村振兴。

2. 加强水土保持工程经营维护与功能提升

黄土高原水土流失治理工程保有量巨大，对减缓黄土高原水土流失起到控制性作用，当前须从水土流失治理数量增长转到质量巩固、提高和改善。这迫切需要开展黄土高原水土流失治理工程现状普查，摸清水土保持工程存在的问题，开展水土保持效益评估。开展梯田淤地坝等水土保持工程措施保存情况及其抵御暴雨能力评估，摸清低效水土保持林和经济林的规模与空间分布，进而为水土保持工程经营维护和功能提升提供基础，也为新型水土流失治理模式构建提供科学依据（贾立志等，2014；白先发等，2015）。

3. 智能化构建黄土高原水土流失治理新模式

治理黄土高原水土流失具有漫长的历史，积累了丰富、系统和宝贵的水土流失治理经验。黄土高原不同区域现已形成的水土流失治理模式，是当地人民长期开展水土流失治理实践的结晶，是经受实践检验的结果，对当前和今后黄土高原水土流失治理具有重要指导作用。近几十年来，地理信息系统、地学信息图谱和大数据挖掘等技术手段的广泛应用，为构建黄土高原水土流失的新模式提供了新的机遇和挑战。未来黄土高原水土流失治理的新模式应以山水林田湖草统筹系统治理为科学原则，统筹水土流失治理、增加经济收入、改善人居环境、提升景观、发展休闲旅游、防治山地灾害等多目标，加强水土流失治理与区域社会经济发展的融合，实现黄土高原水土流失治理模式智能化构建（朱显谟，1998；Fu et al.，2017）。

4. 黄土高原水土流失治理新模式研发与示范

经过近半个世纪水土流失治理的实践，每个分区都已积累了较为成熟有效的水土流失治理模式。除此之外，近年来黄土高原在经济开发过程中，已逐步形成若干新型水土流失治理模式。这些水土流失治理模式大多面向市场，以企业为主导，通过区域生态环境修复和经济开发而逐步形成，例如美丽乡村休闲旅游、生态经济驱动乡村振兴、高科技含量经济果木林、山地灾害治理、矿山修复等水土流失治理模式。根据生态文明建设和区域社会经济发展需求，筛选对区域水土流失治理具有示范作用的水土流失治理新模式，通过对新型水土流失治理模式优化，开展多目标新型水土流失治理模式国家示范园区建设，实现水土流失治理技术集成、治理理念集中展示、治理新模式的示范推广。

5. 水土流失治理支撑乡村振兴战略

　　遵循山水林田湖草统筹系统治理原则，通过水土流失治理支撑美丽乡村建设，促进区域经济发展，实现乡村振兴战略。通过土地、产业、税费等相关政策供给，提高农民、企业参与水土流失治理的积极性，鼓励民间资本参与水土流失治理工作，提高水土保持治理的多方参与度（李敏等，2019；陈怡平和张义，2019）。通过对现有水土流失治理工程进行提质增效，盘活现有水土保持工程存量，释放生态经济潜能，优化区域生态资源配置和区域经济发展结构。以水土流失治理为依托，通过培育提升农业、旅游等产业，实现区域产业结构优化，形成具有鲜明地域特色的稳定脱贫机制（朱显谟，1998；金钊，2019）。

第五章

西北干旱荒漠区生态治理与恢复

一、西北干旱荒漠区生态分区及主要生态问题

（一）西北干旱荒漠区基本特征

西北干旱荒漠区位于北纬 35°~50°、东经 73°~125° 之间，大致位于贺兰山—乌鞘岭一线以西、祁连山—昆仑山系以北的广大西北地区，在行政区划上包括新疆全部，甘肃的河西走廊地区，内蒙古西部的阿拉善高原和宁夏西部等地区，面积约 193 万 km²，约占全国陆地面积的 1/4，是我国特殊的自然地理单元，也是中亚干旱区主要组成部分和世界典型温带—暖温带荒漠分布区。它深居欧亚大陆腹地，远离海洋，总体呈山脉与盆地相间的地貌格局（图 5.1）。

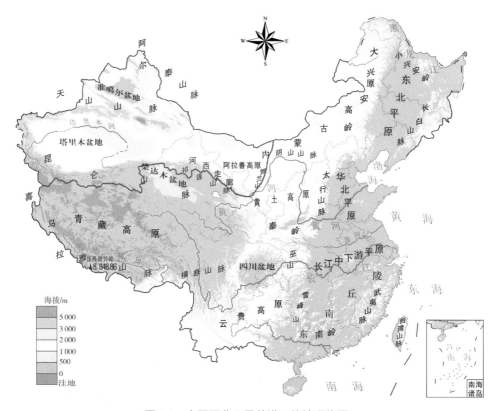

图5.1 中国西北干旱荒漠区的地理位置

西北干旱荒漠区是丝绸之路经济带建设的核心区，具有生态环境的极端脆弱性和自然资源相对丰富的双重属性，是我国重要的资源战略后备区与接替区，矿产、油气、土地与光热资源丰富。同时，它也是我国荒漠化防治的重点和难点区域，干旱、盐碱、风沙灾害严重。

　　西北干旱荒漠区地域辽阔，山地、盆地相间分布，祁连山以北的河西走廊及北部阿拉善高原，阿尔泰山、天山、昆仑山与山地间夹持的塔里木盆地和准噶尔盆地构成了区内主要的地貌景观。地质背景，特别是青藏高原的隆起抬升是造成我国西北地区干旱荒漠化，导致西北干旱荒漠区形成的主要因素之一。干旱少雨的大陆性气候造就了西北干旱荒漠区低植被覆盖的脆弱生态系统特征。区内平原区荒漠生态系统植物种类贫乏、群落结构简单，植物多为旱生的小乔木、灌木和半灌木，以及一些耐旱、耐盐碱的多年生草本，构成的植被群落及景观类型主要为温带荒漠—半荒漠草原、稀疏的温带荒漠灌丛及沿内陆河流域发育的荒漠河岸林（图5.2）。

图5.2　中国西北干旱荒漠区的主要植被群落景观
A. 新疆半荒漠温带草原　B. 新疆稀疏温带荒漠灌区　C. 新疆荒漠河岸林

　　西北干旱荒漠区的河流多属于内陆河，几乎所有的河流都发源于山地，源头由高山区冰雪融水、中山森林带降水和低山带基岩裂隙水组成，河流出山口后流入平原盆地。绿洲沿河流分布，它是人类经济社会活动的载体。绿洲外围为广袤的荒漠区，分布有盐生和旱生的荒漠灌丛和草本植被。西北干旱荒漠区的土壤多结构疏松，持水性差，有机质含量低，易遭受水及风的侵蚀。土壤类型主要有灰漠土、棕漠土、灰棕漠土、棕钙土和灰钙土，由于干旱和强烈的蒸发作用，土壤盐渍化问题突出。

（二）西北干旱荒漠区生态亚区的划分

根据西北干旱荒漠区具体区域的地理位置与地形地貌、气候类型和生态系统特征，可将其划分为3个亚区。

1. 河西走廊—阿拉善高原温带干旱荒漠亚区

区域位置及范围主要为贺兰山以西和祁连山以北至新疆区界这一区域范围内的干旱荒漠区，包括甘肃河西走廊与内蒙古西部阿拉善高原一带。植被类型以干旱荒漠草原为主。

2. 准噶尔盆地温带干旱荒漠亚区

区域位置和范围主要为新疆天山以北，阿尔泰山以西及塔城盆地东南区域范围内，主要植被类型为荒漠草原与稀疏荒漠灌丛。

3. 塔里木盆地暖温带极端干旱荒漠亚区

区域位置及范围主要为新疆天山以南，阿尔金山—昆仑山—喀喇昆仑山以北的区域，包括塔里木盆地内的塔克拉玛干沙漠、塔里木盆地东侧的库木塔格沙漠，以及吐鲁番—哈密盆地一带，主要植被类型为荒漠草原及荒漠河岸林。

（三）西北干旱荒漠区生态系统管理面临的问题与难点

西北干旱荒漠区自然资源的相对丰富和生态环境的极端脆弱交织在一起，严峻的荒漠化现实使得资源开发、经济发展对生态安全的需求极为迫切，生态系统可持续管理面临严峻的形势，生态系统保育与恢复的难点突出。

1. 资源开发中生态与经济矛盾突出

西北干旱荒漠区以荒漠为主体，荒漠区面积占全国荒漠区总面积的63.7%，沙源丰富，是一个资源性缺水大区，水资源开发中生态与经济矛盾十分突出。不仅如此，农业用水占比过高，达 93.6%，强烈挤占了生态用水，在绿洲面积扩大、绿洲经济发展的同时，内陆河流域下游河道普遍断流、湖泊干涸、荒漠化加剧、荒漠—绿洲过渡带萎缩，生态系统结构受损和功能紊乱，生态系统的服务功能下降。脆弱的生态系统、低下的生态功能是我国西北干旱荒漠区生态系统可持续管理的难点。

2. 气候变暖加剧干旱区沙漠化过程

全球气候变暖对西北干旱荒漠区生态系统可能产生多方面影响。不少研究者认为，全球变暖，特别是中纬度地区气候变暖可能加剧干旱区的旱化，加大蒸散发潜力，导致草场灌丛化（Chen et al.，2015；Li et al.，2015）；还有学者提出，中国风沙灾害加剧是在气候趋于干旱化的背景下，人类大面积发展沙区生产造成的，并认为未来中国风沙灾害的发展主要取决于气候增温背景下的降水时空分布、沙区风力变化与土地利用格局调整（史培军等，2000；王涛和朱震达，2001）。

3. 生态水权与长效保障机制缺失

西北干旱荒漠区河流以内陆河为主，而内陆河流域是一个相对独立的水环境生态系统。系统内的水因子与生态环境因子相互联系、相互制约，共同构成了河流生态系统的主体。该区生态系统退化与水资源分配不合理且浪费严重有密切关系，主要表现为生产与生态、开发与保护等问题未能正确处理，资源开发与生态保护之间的关系尚未理顺，生态长效保障机制不完善。同时，流域生态水权管理体制缺失，生态用水难以得到保障，水资源开发和利用存在多元主体。目前，生态系统可持续管理的相关思路、方法与技术等在学界已达成共识。

二、西北干旱荒漠区生态治理与恢复的主要措施和效应

（一）西北干旱荒漠区生态系统可持续管理理念

1. 西北干旱荒漠区资源开发过程中生态与经济的有机融合

干旱区绿洲农业经济发展面临着盐碱、风沙、干旱三大环境灾害，并且在全球气候变化背景下，经济社会发展与西北干旱荒漠区脆弱生态系统治理、恢复及保护之间的用水矛盾会更加突出，如何实现经济和生态的良好融合，确保绿洲稳定和干旱荒漠区生态系统的可持续发展已成为一个挑战。这需要从水土生态安全、防护生态安全和生物生态安全等方面，综合分析和构建绿洲生态安全保障体系，创立干旱荒漠生态区资源开发利用、经济社会发展、生态环境保护相协调的科学范式，确定"源于自然，高于自然"并适宜干旱荒漠区生境特点的生态产业内容和发展方向，以优化生态来保障经济发展，以经济发展促进生态保护，建立干旱荒漠区资源开发与生态保障之间的良性互动机制、生态补偿机制和可持续管理模式，从而实现经济与生态的良好融合与可持续管理。

2. 西北干旱荒漠区生态系统治理恢复过程的生态融合

随着人口数量和人类需求的不断增加，人类对自然资源索取强度不断加强，对土地利用的范围也逐渐扩大。在气候变化与人类活动扰动共同作用下，我国西北干旱荒漠区普遍出现生态退化、湖泊湿地萎缩、生态功能下降等问题，如我国第一和第二大内陆河流域——塔里木河与黑河的生态问题等已成为社会关注的热点。为此，西北干旱荒漠区的资源开发与治理恢复要从生态系统过程的完整性和技术途径的合理性，生态与经济过程融合的高效性和可持续性，以及水土、生物、防护生态安全与绿洲的稳定性系统分析。在对自然资源的开发利用过程中，要树立保护优先的理念，尤其在荒漠—绿洲过渡

带，要综合考虑和实现天然绿洲与人工绿洲互惠共存、荒漠植被与人工植被生态融合、荒漠林与人工防护林有机整合，以提升荒漠—绿洲过渡带天然屏障的生态功能。

3. 西北干旱荒漠区生态系统保育恢复的生态阈值

生态阈值是生态系统由一种状态向另一种状态转变的某个点或一段区间。生态阈值的确立对维系西北干旱荒漠区极端干旱环境下的荒漠植物生存和指导生态输水具有重要意义。生态恢复旨在阻遏生态系统恶化的趋势。因此，需要越过恢复阈值，达到具有弹性和可持续性生态系统这一中间目标。生态恢复的实践经验也表明，通过确定生态阈值，能够有效指导生态系统恢复中恢复目标的确定，并激发区域内的自我恢复潜力。在中国西北干旱荒漠区塔里木河下游实施的生态保育恢复中，通过对不同地下水位埋深环境下荒漠河岸林植物的生理生化指标（叶绿素、可溶性糖、脯氨酸、丙二醛、超氧化物歧化酶和过氧化物酶）的测试分析，推断出胡杨的胁迫地下水位和临界地下水位分别为 4.0 m 和 10 m，柽柳分别为 5.0 m 和 9.0 m，芦苇生存的适宜地下水位为 2.5~3.0 m，胁迫地下水位为 3.5 m（Chen et al., 2006）。对荒漠河岸林植物生态位宽度和生态位重叠特征的分析发现，包括乔木、灌木和部分草本植物等大部分物种，在地下水位 4.0~6.0 m 处，生态位宽度最大，对有限水资源的利用能力最强，生态位分化明显，不同物种占据各自不同的资源利用位置，相互之间没有明显的重叠，种间竞争不激烈，能够相互适应；当地下水位大于 10 m 后，植被则衰退为单一的柽柳群落，生态位重叠明显，草本植物以及草、灌、乔之间存在显著的竞争排斥关系，由于水资源严重不足，仅有柽柳属植物能够生存（Hao et al., 2009；Li et al., 2013）。这一地下水位生态阈值为西北干旱荒漠区塔里木河下游生态治理中生态需水的确定和可持续管理提供了重要支撑。

4. 西北干旱荒漠区绿洲生态安全的生态防护梯度

绿洲生态系统由天然绿洲和人工绿洲两大系统所构成（陈亚宁，2002）。

天然绿洲生态系统分布在人工绿洲的外部，以自然水文过程或天然降水为基础而生存，其生物物种、群落结构、生态系统的外部形态都是由自然过程所决定的，在南疆等地亦被称为荒漠—绿洲过渡带。该系统的生态功能表现为维系干旱荒漠区的生物多样性，并以规模性生物系统有效排解或化解风沙、干热风等对人工绿洲的侵扰。

在西北干旱荒漠区，绿洲和荒漠—绿洲过渡带必须保持一定的比例才能和谐共存。荒漠—绿洲过渡带的存在对人工绿洲的生态安全起到了重要屏障作用，对维系人工绿洲可持续发展有着重要的意义。为此，提出在西北干旱荒漠区构建以生态梯度为核心的防护模式，形成稳定且具有强大生态服务功能的绿洲生态安全保障体系，即在绿洲外围的荒漠—绿洲过渡带实施封育保护，形成宽阔的草灌结合的固沙和沉沙带；在绿洲边缘建设乔灌结合的人工防护林带；在绿洲内部建设高标准农田林网。其中，绿洲外围区的荒漠乔灌木林是绿洲人工防护林体系的延伸，是联系绿洲与荒漠的过渡带，对荒漠化向绿洲的侵入起着吸纳和缓冲的作用；人工防护林是人工绿洲的骨骼，起着降低风速和改善绿洲生态环境的作用。这样，以荒漠乔灌木林为主体的绿洲边缘荒漠生态系统和以人工林为骨骼的绿洲内部防护林体系有机统一、相得益彰，既顺应了荒漠—绿洲的自然环境特点，也从地域空间上实现了绿洲边缘荒漠林与人工防护林体系的生态整合。

（二）西北干旱荒漠区生态治理与恢复的主要措施和效应

针对西北干旱荒漠区生态环境保护治理及建设需求，近几十年由国家和地方政府倡导并推动实施了包括塔里木河、黑河、石羊河等干旱荒漠区内陆河流域的综合生态治理工程，取得了明显的生态效益与社会效益。围绕这些重大生态治理工程，除了加强水资源的空间均衡调配管理外，还研究提出了干旱荒漠区生态治理修复与植被恢复重建系列技术措施和模式，为西北干旱荒漠区脆弱生态系统的综合治理与恢复提供了重要支撑。

1. 人工植被与天然植被的生态融合恢复模式

（1）**模式概述**：在不扰动或少扰动地表、不破坏原有天然植被的前提下，向退化荒漠植被中适度引入当地高抗逆性人工植被，并向人工植被有控制地供水，在恰当的时空范围内，通过改变退化生态系统土壤水分条件以保证人工植被的成活。在保证人工植被成活的同时，产生一定的空间生态效应，使融合区和响应区的原有荒漠植被得到保育和恢复。

（2）**主要技术措施**：①引入树种。树种主要选择生长稳定、抗旱性强的乡土树种，如胡杨、柽柳、梭梭、沙拐枣等。②栽种技术。树木栽种方法采用带状配置方式和穴状局部整地方式，以常规造林方法栽植，株行距为2.0 m×2.0 m，树坑大小为40 cm×40 cm×50 cm。③灌溉补水。在8~9月利用河流洪水对退化荒漠生态系统进行灌溉。利用灌水前开垦的犁沟，因势利导，引导水流尽可能地进行饱和灌溉。在有条件的情况下，可铺设输水管线以确保人工栽种树木的灌溉。融合区配置为4条人工植被带和3条原生天然植被带。其中，人工植被带的宽度为20~30 m，保留原生天然植被带宽度为30~40 m（图5.3）。

在不破坏原有天然植物的前提下，引入当地抗旱性强的树种

↓

采用带状和穴状配置方式，构建4条人工植被带+3条原生天然植物带的融合区

↓

采用河流洪水进行灌溉，改善生境条件，使融合区和响应区的植被得到保育和恢复

图5.3 人工植被与天然植被的生态融合生态恢复措施示意图

（3）技术模式试验示范生态恢复效果与应用推广前景：该技术模式主要适用于退化荒漠生态系统植被的恢复，已在塔里木河下游进行了试验示范，建立示范区 50 hm²，示范区植被覆盖率提高了 67% 左右，达到了 72%，Simpson（辛普森）多样性指数由 0.68 增加到 0.89，生态恢复效益明显（图 5.4），已作为塔里木河下游实施生态修复工程的重要科技依据。目前，该技术成果已在新疆塔里木河流域的塔里木河干流下游、孔雀河等地进行了示范应用与推广，并正在向塔里木河流域其他源流区进行推广，预期在我国西北干旱荒漠区，特别是在干旱区内陆河流域退化荒漠河岸林生态系统保育恢复中具有较好的推广应用前景。

图5.4　人工植被与天然植被的生态融合技术模式实施效果对比
A. 恢复前　B. 恢复后

2. 退化荒漠河岸林胡杨种群更新恢复措施与模式

（1）模式概述：针对干旱区荒漠河岸林胡杨落种萌发和根蘖需要的湿润生境条件，以及研究区年降水量少但高度集中于夏季，且能够通过超渗产流形成积水的自然规律，利用胡杨林间自然地势落差，人工营造林间集水与积水小区，通过制造林间"湿岛""种子陷阱"和"种子富集池"，为胡杨种群提供有性繁殖与无性繁殖的局部适宜生境，提升胡杨种群繁殖更新的概率，促进退化的胡杨种群更新，改善现有胡杨种群的年龄结构，实现在没有大面积地表漫溢条件下极端干旱区荒漠河岸林生态系统退化胡杨种群的更新与保育恢复。

（2）主要技术措施：①依实际地势进行地形微修整，在胡杨种群林间与周边 30 m 范围内人工营造面积 30~100 m² 的林间低洼集水与积水小区，小区空间上呈随机蜂窝状分布，利用林间低洼集水与积水小区充分收集夏季高度集中的降水超渗产流形成的积水，营造林间"湿岛"。②在无法实现大面积地表漫溢的条件下，利用河道生态输水与近河道处生态井内的地下水，在夏季 7 月中下旬胡杨种子雨高峰期对已经建成的低洼林间集水与积水小区进行针对性的补水，形成面积 20~60 m²、深度 10~30 cm 的积水，并保持 1~2 天。③在林间低洼集水与积水小区建成 2~3 年，林间"湿岛"形成后，在 11 月中下旬或翌年 3 月中下旬，选择落种萌发不理想的小区周边的胡杨，在面向林间低洼集水与积水小区一侧开挖 1~2 条断根沟，开挖过程中对直径 1~3 cm 的水平根进行切断，在断口处涂抹 ABT 生根粉溶液或吲哚乙酸溶液后，覆土至断根处以上 10~20 cm（图 5.5）。

（3）技术模式试验示范生态恢复效果与应用推广前景：该技术模式适用于胡杨所在立地缺乏大面积地表漫溢条件、地下水位埋深较大（>4 m）且上层土壤（0~1 m）含水量较低（平均 <3%），降水量小于 100 mm 而大强度降水事件高度集中于夏季，胡杨种群自然更新乏力的区段。利用胡杨表层根系自然萌蘖更新人工促进技术、胡杨开沟断根萌蘖更新技术等，在塔里木河下

在胡杨林间与周边30 m内人工营造林间集水与积水小区

↓

对低洼林间集水与积水小区进行针对性的补水

↓

开挖断根沟，切断水平根，在断口处涂抹生根粉溶液，覆土至断根处以上10~20 cm

图5.5　退化胡杨种群更新技术模式实施示意

游示范区人工促进胡杨萌蘖更新，每条断根沟可以萌发3~10株幼苗不等，具体依据母株水平根分布特征及密度而定。断根萌蘖实施半个月后开始萌芽，萌蘖的幼株当年可以长到1.0~1.5 m高。利用该技术在塔里木河下游建立133.33 hm² 示范区，该技术已作为塔里木河下游胡杨种群更新的重要科技手段，恢复效益明显（图5.6）。

　　该生态恢复技术应用的投资成本与实施地点的水土环境有很大关系，技术模式需对胡杨根系断根，人工断根效率低，而机械断根可能会对周边植被造成一定的破坏，因此需根据实施地的植被和地形情况，将两种方式结合进行断根。该技术成果已在新疆塔里木河流域进行了推广，预计在干旱区内陆河流域荒漠河岸林的恢复方面具有广泛的应用前景。

3. 植物群落自然发生与人工激活恢复措施与模式

　　（1）模式概述：在有种源保障的条件下，利用地表水过程，在恰当的时空范围内，通过改变退化生态系统土壤水分条件，有效激活退化荒漠生态系统的土壤种子库；对于因生态退化导致的生物群落物种丢失和种源短缺，并且受非生物因素影响，缺乏繁育条件，群落难以自然发生，可通过人工漂种进行种源补充，以改善其繁育条件，促进退化生态系统的生态恢复。

　　（2）主要技术措施：①在土壤种子库为0~5 cm，种子密度大于200粒/m²

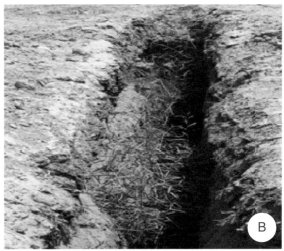

图5.6 退化胡杨种群更新技术实施效果对比
A. 恢复前 B. 恢复后

的生态退化区，在4~5月利用地下水或9~10月利用河水对退化荒漠植被进行不定期漫灌补水，对于种源短缺的地区，在灌溉的同时进行种源补充。对退化荒漠生态系统进行灌溉，可以激活土壤种子库中的种子，促进种子萌发和幼苗生长。②对于单一草本群落结构恢复重建中的物种配置，宜根据土壤种子库中物种组成进行物种配置，以实现退化前恢复区群落结构的特征。对于土壤种子库中物种单一且缺少多年生草本的区域，可以通过漂种进行种源补充，在物种搭配上选择以多年生深根系草本为主，可以与土壤中一年生浅根系草本搭配。多年生草本首选骆驼刺、甘草、花花柴等。③对于随着生境的恶化及地表水文过程的改变，胡杨林下植被退化严重，林下沙地活化，物种多样性下降的区块，选择相对耐阴的本土灌木柽柳作为林下灌木层，同时选择多年生草本如甘草、河西苣等组成草本层共同构建林下灌草结构，用具有较强固氮、溶磷、分泌植物生长激素能力和较强抗逆性能的EB20-THQ菌液分别浸泡补植柽柳幼株根部和草本植物种子2~3 h和5~10 h，改善定植萌发效果，促进群落结构优化与重建（图5.7）。

（3）技术模式试验示范生态恢复效果与应用推广前景：该技术模式适用于退化荒漠生态系统植被恢复，已经在塔里木河下游大范围推广应用。在塔

利用河水或地下水对荒漠植被进行灌溉，改善土壤水分条件

↓

通过人工漂种，进行种源补充，改善繁育条件

↓

激活土壤种子库中的种子，促进种子萌发和幼苗生长

图5.7　植物群落自然发生与人工激活技术模式实施示意

图5.8　植物群落自然发生与人工激活技术模式实施效果对比

里木河下游建立 166.67 hm^2 示范区，示范区植被覆盖度提高了约60%，增加到85.9%，Simpson 多样性指数由 0.68 增加到 0.83。该技术已作为塔里木河下游植被恢复的重要科技手段之一，恢复效果显著（图5.8）。

该生态恢复及荒漠化防治措施与模式要求实施区有灌溉水源，一般是在河道附近实施。预期在西北干旱荒漠区内陆河流域退化生态系统的恢复方面具有广泛的推广应用前景。

4. 绿洲—荒漠过渡带生态恢复与生态产业建设技术措施与模式

（1）模式概述：针对干旱区水土资源开发与生态保护间的矛盾，以生态建设和经济过程有效融合为目的，构建了集生态草业、生态药业与生态特色林果业为一体的生态产业建设技术与模式。

（2）主要技术措施：该技术模式主要包括生态草业建设模式、生态药业建设模式和生态特色林果业建设模式等（图5.9）。

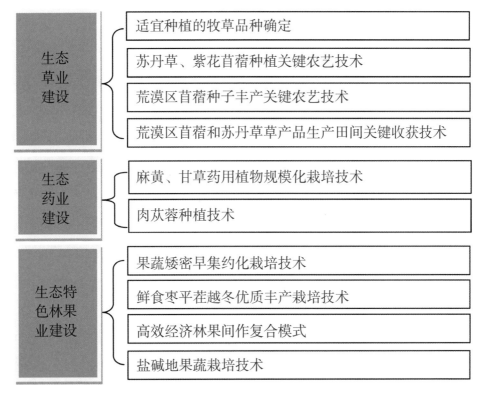

图5.9 绿洲—荒漠过渡带生态产业建设配套技术与模式实施示意图

（3）技术模式试验示范生态恢复效果与应用推广前景：该技术模式适用于干旱区绿洲—荒漠过渡带生态产业配套建设，目前已在克拉玛依建成1 666.67 hm²农、林、草、药复合种植综合示范区，示范区植被覆盖度由原来的 5%~6% 提高到 49%~74%，生态环境明显改善。示范区单位面积农牧业产值提高 35%，单位土地面积产值达到 18 000~25 050 元/hm²。该技术应用的投资成本与种植的植物有很大关系，前期投资较大，后期的经济效益受市场价格波动影响较大。

本项技术模式针对性强，研发提出的农、林、牧复合种植模式有效弥补了干旱荒漠区绿洲外围新垦区防护林不足等缺陷，在新垦区克拉玛依、伊犁地区得到广泛推广应用，预计在我国西北新垦区，特别是绿洲—荒漠过渡带的生态产业建设中具有较好的推广应用前景。

5. 荒漠绿洲生态安全与保障体系建设措施与模式

（1）模式概述：针对干旱荒漠区干旱、风沙、盐碱三大环境问题，在区域尺度的生态安全保障体系建设方面，提出了干旱荒漠区绿洲水土生态安全调控技术以及集绿洲外围风沙沉降带、绿洲边缘骨干防护林带和绿洲内部林网等"三位一体"的干旱荒漠区绿洲防护生态安全保障体系建设技术。

（2）主要技术措施：①在绿洲外围通过围栏封育保护，形成宽阔的灌木固沙和沉沙带。植被类型以草、灌木为主，这是绿洲外围的第一道防护屏障，阻挡和防止风沙对绿洲的侵袭。②在绿洲边缘构建乔灌结合的骨干防护林带。防护林带的结构以乔灌复合为主，建立 10~30 m 宽的复层结构防护林带 3~4 条，以防止大风的侵扰。③在绿洲内部建设农田林网。林网主林带以乔木为主，不配置灌木，带宽 8.0~10 m，林带行数以 4 行为宜，并结合农田作物、耕作和作业机械需要进行营造，防止农田风蚀，形成农、林、果、草、药等高效产业区,从而达到缓冲绿洲风沙侵蚀与屏障保护作用（图 5.10）。

（3）技术模式试验示范生态恢复效果与应用推广前景：该技术模式适用于我国西北干旱区绿洲边缘生态安全保障体系建设。该技术模式已在克拉玛

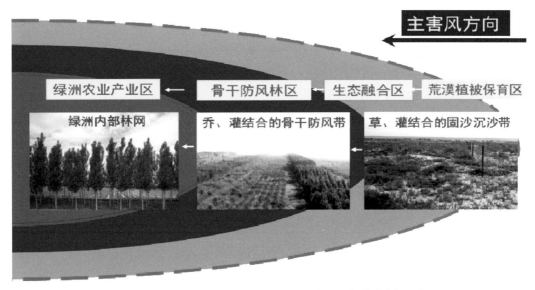

图5.10　荒漠绿洲生态安全与保障体系建设技术模式实施示意

图5.11　荒漠绿洲生态安全与保障体系建设技术模式实施效果对比

依建成绿洲边缘荒漠植被保育恢复与生态安全保障体系建设示范区 846.67 hm²。示范区植被覆盖度提高了 48%~63%，新垦荒地总盐度由 0.6%~1% 降低至 0.23%~0.41%，降低幅度达 50%~78%，生态环境明显改善（图 5.11）。

　　本项生态保育技术措施已在新疆的克拉玛依和塔里木河下游实施推广应用，预计在西北干旱荒漠区生态建设中具有较好的推广应用前景。

6. "四带一体"防沙生态治理措施与模式

　　（1）模式概述：采用生物措施和机械措施相结合，以人工辅助撒播沙蒿、黄毛柴、梭梭等种子措施为主，以天然植被保护为辅的方法，在重点风沙危害区设计建立"前沿阻沙林带 + 固沙林带 + 外围阻沙带 + 封沙育林育草带"的"四带一体"防沙治沙模式，即从农田到沙漠边缘，从内向外依次为：前沿阻沙林带、固沙林带、植物活体沙障阻沙带、封沙育林育草带。

（2）主要技术措施：①将前沿阻沙林带设置于农田前缘，构建一个由低到高、由密到疏的立体结构，一方面阻挡沙丘前移埋压农田，另一方面截获越过固沙林带风沙流中的沙粒，使之沉降在阻沙林带内。②设置固沙林带，主要采取黏土沙障、草方格沙障、尼龙网沙障、玉米根沙障，障内营造沙拐枣、花棒混交林，丘间低地营造榆树、沙枣林。③在固沙林带外缘 8~10 m 处设置植物活体沙障作为外围阻沙带，不但能降低风速、减少输沙量，还可阻挡风沙流中的沙粒，使之在沙障前后堆积。④设置封沙育林育草带，该技术的成败主要取决于降水量和地下水位，它见效快、投资少、植被恢复容易（图 5.12）。

（3）技术模式试验示范生态恢复效果与应用推广前景：该技术模式适用于我国河西走廊的荒漠风沙区，气候为干旱荒漠气候，年均降水量少于 200 mm，土壤为疏松的沙质。该技术模式已在古浪县和民勤县沙化土地治理及沙产业开发中大面积推广应用，示范推广 4 600 hm²，有效保护面积 15 300 hm²。示范区建成后，风沙灾害日益严重的现状得到改善，生态环境向好的方向发展。农作物受害面积比例从治理前的 37.7% 减少到治理第 1 年的 14.2%，治理的第 2 年、第 3 年，农作物未受风沙危害，农民宅院内积沙很少。通过分析二年生人工固沙林体系对风速的影响，当防护林带前 0.5 m 和 1.5 m 高处旷野风速分别为 6.43 m/s 和 5.68 m/s 时，防护林带中部的平均风速下降到 2.85 m/s 和 4.25 m/s，分别降低了 55.67% 和 25.18%，防护林带后平均风速同旷野 0.5 m 和 1.5 m 高处比较分别降低 75.9% 和 63.38%。防护林带中部和后部的输沙量分别减少了 2 544.16 mg·cm⁻²·h⁻¹ 和 2 552.59 mg·cm⁻²·h⁻¹，流沙已基本固定（图 5.13）。

该技术模式在古浪县示范区共投入资金 20 万元，劳动力主要来自当地群众，无劳务支出，新增产值 5 732.51 万元，新增利润 721.58 万元，节约

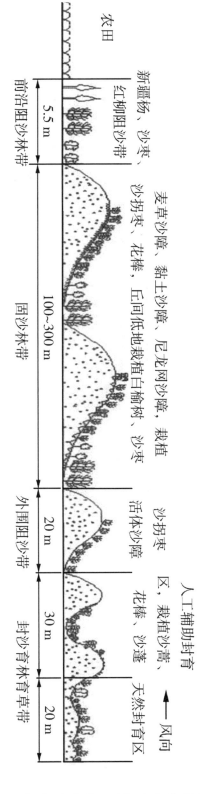

图5.12　"前沿阻沙林带+固沙林带+外围阻沙带+封沙育林育草带"的"四带一体"防护模式实施示意

图5.13　"前沿阻沙林带+固沙林带+外围阻沙带+封沙育林育草带"的
"四带一体"防护模式实施效果对比
A.治理前（甘肃省治沙研究所提供）　B.治理后

开支142.78万元。技术模式实施中，以沙障2 m×2 m黏土和1 m×1 m的麦草和尼龙网格为宜，但考虑到黏土沙障设置后，吹蚀和雨水的长期冲刷，易在沙表形成黏土结皮，使降水入渗浅层化，影响植被对水分的利用效率，所以在生产中依据实际情况酌情考虑应用。

7. 盐碱地的生物改良生态治理措施与模式

（1）模式概述：在河西走廊地区选择盐渍化的草地，以围栏封育为主，同时辅以适当的草地管理，在封育之年和封育次年实施刈草；对于轻度盐碱地可选择种植护牧沙枣防护林，并在林间种植抗盐牧草，实现林灌草结合配置以增加地表植被覆盖度、减少盐分上升的目标；对于中度和重度盐碱地可选用比豆科牧草抗盐性更强的禾本科牧草建植人工草地，改善盐碱草地植物群落结构；通过修渠排盐，在盐分降低的土地上种植麻黄、甘草等耐盐药用林草，可最大限度地增加经济、生态效益。

（2）主要技术措施：①对盐碱化草地以围封为主，实施禁牧、分区隔离、人工管护，充分利用生态系统的自我恢复功能，通过自然恢复、人工促进自然恢复和人工恢复，宜草则草、宜灌则灌、宜乔则乔，建设乔灌草结合的适宜植被体系。②盐渍土壤孕育了抗盐植物，抗盐植物也影响着土壤，因此可以人工建植抗盐饲用牧草、乔木和灌木，防止盐分上升。③乔灌草配置改良盐碱地技术主要采用的乔木为沙枣，灌木主要为柽柳，抗盐牧草主要有禾本科芦苇、赖草、碱茅属植物；高麦草、湖南稷子及豆科的草木樨等乔灌草结合配置，既可防风固沙又能够改善盐碱地。④"封育＋灌溉＋刈牧兼用"的改良培育盐渍化草地技术是对盐碱地实施以封育为主，通过补播修补原有盐碱地的不足，改善盐碱草地植物群落结构，进而增加草地牧草的密度。⑤盐碱地林药栽培技术是根据盐渍化土地的水盐动态规律、盐分类型以及盐碱危害植物机制，选择合适的药用林草，如红枣、麻黄和甘草等，充分利用土地空间，对土表进行活植物覆盖，减少地面蒸发，降低盐分表聚，最大限度地增加经济、生态效益等（图5.14）。

（3）技术模式试验示范生态恢复效果与应用推广前景：该技术模式适用于我国干旱及盐渍地区，主要包括河西走廊三大流域（石羊河流域、黑河流域和疏勒河流域）的下游、次生盐渍化农耕地，以及山前平原区的荒漠草地和盐荒地等。目前已在古浪、永昌、瓜州、凉州、山丹、肃州等地建植耐

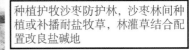
围栏封育为主，从封育之年起修渠打埂，春冬灌溉，补播碱茅属等耐盐植物，改滥牧为刈牧兼用

种植护牧沙枣防护林，沙枣林间种植或补播耐盐牧草，林灌草结合配置改良盐碱地

建植抗盐饲用牧草，中度和重度盐渍地选用碱茅属植物；轻度盐渍地选用紫花苜蓿、沙打旺等

平整土地，种植甘草、麻黄等耐盐药物，修渠排盐，灌头水使盐分下淋，地表稍干，灌二水，田间管理

图5.14　盐碱地的生物改良技术模式实施示意

盐牧草，并实行粮草轮作，已治理盐碱地 6 666.67 hm² 以上。如靖远县北滩乡通过种植耐盐作物向日葵、枸杞等 266.67 hm²，瓜州县通过引种盐地先锋植物柽柳、花花柴等进行盐碱地治理，每年每公顷土地可从土壤中带走 100~150 kg 的粗盐；景泰县利用种植枸杞开展生物治理盐碱地，如在灌区盐碱化程度较轻的乡镇大面积种植枸杞，2011 年种植面积达到 2 800 hm²；民勤县正兴林场利用盐碱地及沙漠地下水种植沙枣、向日葵、耐盐芦苇等，结合治沙，改良盐碱地取得了显著成效。1995—1999 年在临泽县小屯乡种植碱茅表现出良好的脱盐效果。经测定，土壤耕层全盐含量由 10.86 g/kg 降到 2.20 g/kg，脱盐率达到 79.74%，pH 值由 8.50 降到 8.25。

目前在我国西北干旱荒漠区已经系统地开展了针对荒漠化、盐碱化、绿洲生态防护、典型退化脆弱生态系统恢复等多方位的恢复治理措施，为今后该区的生态恢复治理积累了宝贵的经验。

三、西北干旱荒漠区生态治理与恢复的前景及展望

（一）西北干旱荒漠区生态治理与恢复的发展趋势

中国是在干旱区较早开展生态治理与恢复实践及研究的国家之一。如 20 世纪 50 年代，针对风沙危害进行了植物固沙研究、干旱区绿洲防护体系建设、防风固沙林带的营建和流动沙丘的固定（朱震达等，1998）；20 世纪 70 年代，开展了三北防护林体系建设工程；20 世纪 80 年代，开展了干旱区农牧交错带生态恢复重建试验示范；20 世纪 90 年代，开展了对毛乌素沙地的治理；21 世纪对西北干旱区内陆河流域的综合治理等（陈亚宁等，2019；Zhao et al.，2018）。这都为我国西北干旱荒漠区生态治理与恢复研究及相关学科的发展做出了重要贡献。

随着全球化进程的加快以及干旱荒漠区生态问题的日益凸显，这一区域

生态治理与恢复正日益成为从地方到国家层面的重要议题和事项，已被广泛纳入自然资源管理框架和可持续发展战略（Aronson and Alexander，2013）。伴随理论研究的深入，在干旱荒漠区开展的生态恢复研究正逐步从针对特定物种种群和小区域的恢复向针对整个生态系统与景观尺度恢复的转变。在生态恢复更为困难的干旱区，更为积极的恢复技术（如播种、补植等）较被动方法（如移除干扰或破坏源）更多被采用，效果也更显著（Aronson et al.，2010）。近些年，全球气候变化下生态系统的响应与反馈机制、生态恢复目标制定及技术研发已成为生态恢复研究的热点问题。全球气候变化背景下的生态恢复开始转向追求生态系统可持续性、过去与未来之间的平衡点、对人类社会的福祉等更为现实的目标，如通过治理修复提高生态系统的恢复力和适应力，保留生态系统服务，而非重返昔日原始状态（Suding et al.，2015）。

　　经过几十年的发展，干旱荒漠区的生态治理与恢复相关研究在地域、理论、学科、恢复技术上逐渐跨越边界，已从单一的生态学目标导向、小尺度修复等特征转向过程导向及适应性恢复、生态与社会经济效益相统一、从地方到全球范围的多尺度恢复等。在生态系统调查与生态恢复监测评估方面，基于3S技术针对大区域尺度的研究和数学模型针对具体机制的揭示等研究，也使得干旱荒漠区生态治理与恢复在研究的广度与深度上得以进一步发展。在干旱荒漠区生态治理恢复中，社会、经济、文化等属性的重要性逐渐被强化，生态保育恢复目标的确定更多地采用综合视角并基于生态、经济和社会现实，以实现生态保育恢复中生态、社会要素的有机结合。帮助干旱荒漠区脆弱生态系统获得可持续发展，提升生态系统服务能力，强调人地复合生态系统定位和系统性、整体性及综合性视角的生态系统可持续管理已成为干旱荒漠区生态治理恢复与保护的一个重要趋势。

（二）西北干旱荒漠区生态治理与恢复的前景展望

　　我国西北干旱荒漠区生态治理与恢复作为实现这一区域脆弱生态系统可

持续发展的重要途径，关系区域民生福祉和"丝绸之路经济带"国家战略的生态安全。西北干旱荒漠区未来的生态治理与恢复研究，需进一步强调理论与应用之间的结合、生态恢复研究人员与实践项目从业人员及政府管理部门之间的合作、自然科学与人文科学的交叉研究、全球气候变化与生态恢复的联动研究，从而发挥协同作用，提升民生福祉。区域生态恢复的理念也需要不断完善和优化，即从退化生态系统的治理恢复到国土空间安全与生态保护恢复的认知转变、从自然生态系统到人地复合生态系统的概念转变、从单一的生态系统服务供给到人类福祉提升的价值取向转变（吕一河和傅伯杰，2011；张瑶瑶等，2020），最终实现西北干旱荒漠区人与自然和谐发展。

未来，以可持续理论和实用技术为指导的西北干旱荒漠区退化生态系统治理恢复与管理将受到更多重视，经济社会发展的生态化会成为主流，政府将在退化生态系统的治理恢复中占据主导，并将进一步重视国家生态安全定位与生态安全战略规划。基于3S监测技术、大数据和更加积极的恢复生态学新技术，会被更多地应用到西北干旱荒漠区生态治理与生态系统的可持续管理中，从而服务于国家及地区生态安全保障与国家发展战略的制定。

第六章

青藏高寒区退化草地生态
治理与恢复

一、青藏高寒区生态分区及主要生态问题

青藏高原是中国最大、世界海拔最高的高原，被称为"世界屋脊""地球第三极"，南起喜马拉雅山脉南缘，北至昆仑山、阿尔金山和祁连山北缘，西部为帕米尔高原和喀喇昆仑山脉，东及东北部与秦岭山脉西段和黄土高原相接，位于北纬 26° 00′ ~ 39° 47′，东经 73° 19′ ~ 104° 47′之间。青藏高原东西长约 2 800 km，南北宽 300 ~ 1 500 km，总面积约 250 万 km²，地形上可分为藏北高原、藏南谷地、柴达木盆地、祁连山地、青海高原和川藏高山峡谷区等 6 个部分，包括中国西藏全部和青海、新疆、甘肃、四川、云南的部分。青藏高原的自然历史发育极其年轻，受多种因素共同影响，形成了全世界最高、最年轻而水平地带性和垂直地带性紧密结合的自然地理单元。高原腹地年平均温度在 0 ℃以下，大片地区最暖月平均温度也不足 10 ℃。青藏高原一般海拔在 3 000~5 000 m 之间，平均海拔在 4 000 m 以上，为东亚、东南亚和南亚许多大河的发源地；高原上湖泊众多，有纳木错、青海湖等。青藏高原面积广阔，土层深厚，地貌复杂，草地退化严重。

青藏高原是全球最大的高寒草地分布区，也是高寒生物资源的重要基因库。高寒草地作为青藏高原主要的植被类型，对青藏高原的气候调节、水源涵养、土壤形成与保护等生态系统服务的维持有着重要影响，在保障区域生态安全格局和响应全球气候变化等方面发挥着重要的作用。近年来，随着气候变化和人类活动对青藏高原的影响与日俱增，高寒草地的退化日趋严重，土地生产力也逐渐降低，对高寒草地生态系统服务功能的正常发挥造成了严重威胁。此外，高寒草地的退化也威胁着高寒地区的生物多样性。因此，当前的退化高寒草地恢复问题给国家及科学界带来了巨大的挑战，引起了广泛的关注。

针对目前现状,虽然已有大量的研究对高寒草地的退化恢复进行了探讨,并提出了一系列的恢复措施及技术,但在研究其退化现状和恢复措施机制等方面目前稍显薄弱。依据高寒草地亚类的功能分区模型以及退化演替的分区特征,将青藏高寒区的草地分为 5 个典型脆弱生态区(表 6.1),即三江源区、环青海湖及祁连山区、"一江两河"地区、藏北和那曲地区、川西和甘南地区。通过对以往研究文献的综合整理,明确各脆弱生态区的草地退化现状及主要生态问题,探讨现有恢复措施的优劣及效应,以期对已有的生态恢复技术和模式进行优化、融合和集成,并对其中存在的问题进一步探讨和总结。

表 6.1　青藏高原草地类型的区域分布及主要特征

区域	典型脆弱生态区	海拔/m	草地面积/万hm²	草地类型	植被特性
青藏高原东部	三江源区	3 500~4 500	1 219.5	高寒草甸、高寒草原	优势种为嵩草草甸,丰富度高,覆盖度高,产量低
祁连山脉及环青海湖区域	环青海湖及祁连山区	2 000~3 500	943.5	温带草地、高寒草地和高寒草甸	丰富度高,覆盖度高,产量高
西藏西南部	"一江两河"地区	4 000~6 000	525.4	高寒草地	植物密度大,草场质量低
西藏西北部	藏北和那曲地区	4 500~5 300	4 213.3	高寒草地	物种多样性低、植物密度小和牧草产量低
喜马拉雅山脉南部山谷	川西和甘南地区	1 500~4 500	338.5	暖灌木草甸和山脉草甸	丰富度高,覆盖度居中,产量低

　　青藏高原草地退化是当前草原生态系统面临的主要问题,全区退化草原面积已达 11 万 km²,占草原面积的 13.93%,而且退化日趋严重。青藏高原水土流失严重,青藏高原上青海省的水土流失面积为 38.2 万 km²,占青海省

总面积的 49.1%，并且每年还在以 3 600 km² 的速度扩大。黄河、长江、澜沧江流域在青海境内的水土流失面积，分别占 39.5%、31.6% 和 22.5%，成为水土流失的重灾区。西藏沙漠化土地与潜在沙漠化土地面积占全区总土地面积的 18.17%，这一比例比全国沙漠与沙漠化土地占国土总面积 15.9% 的比例高出 2.3%。按照亚区划分介绍生态分区和主要生态问题如下。

（一）"一江两河"地区

1. 基本情况

"一江两河"地区位于雅鲁藏布江中游，西藏自治区的中南部，系雅鲁藏布江及其支流拉萨河、年楚河的河谷地带，东起山南桑日县，西到拉孜县，南抵藏南河谷区，北达冈底斯—念青唐古拉山脉南麓，包括 18 个县市（区），土地总面积 6.57 万 km²，占西藏自治区总面积的 5.35%。该区属藏南湖盆谷地区，谷地宽窄相间，谷地海拔多在 2 700 ~ 4 200 m。该区属高原温带季风半干旱气候，受地形影响十分明显。年均气温 4.7~ 8.3 ℃，光照时间长，年日照时数在 2 800 ~ 3 300 h，自西向东有明显的降水梯度变化，251.7~580.0 mm，而且雨热同期，干湿季节明显，一年内 73%~93% 的降水都集中在生长季（5~9 月）。年蒸发量较大（2 293 ~ 2 734 mm），干燥度大（1.5~3.0）。

该区域现代生态系统以高寒耐旱的草原和草甸生态系统为主，具有明显的垂直分带性，河谷与山麓地带受人类活动的干扰，逐渐演变为农田生态系统，区域内农田占整个自治区农田总面积的 60% 以上，是西藏发展农业潜力最大、优先开发的重点地区；在山地和部分河谷仍存在较大面积的草场，草地面积约 525.4 万 hm²，畜牧业产值占当地农业总产值的 20% ~ 30%，属于以农为主、农牧结合的经济发展模式。

2. 存在的主要生态问题

受干寒气候条件的限制，"一江两河"地区生态环境脆弱，大部分土壤土层浅薄，厚度不足 50 cm，土壤质地以沙壤和轻壤土为主，并含有大量砾石，土壤有机质含量为 1% ~ 2%，天然草地植物生产量低，植物的生产量不足同纬度地区的 1/20，草地退化快、难恢复。加之该区域人类活动强烈，草畜供需矛盾突出，草地管理粗放、滥牧现象严重，进一步加剧了该区域天然草地的退化。

（二）藏北和那曲地区

1. 基本情况

藏北高原也叫羌塘高原，位于西藏自治区的北部，包括几乎整个那曲地区及阿里地区东北部，平均海拔在 4 000 m 以上。羌塘高原整个地势西北高、东南低，主要由低山缓丘与湖盆宽谷组成的地形，起伏和缓，平均海拔 4 800 m，相对高差一般为 200~500 m，为青藏高原海拔最高、高原形态最典型的地域。因气候干燥，除高原四周大山脉发育为较大规模冰川外，高原内少数海拔 6 000 m 以上高峰（如阿木岗、木嘎岗日等）仅有小规模大陆性冰川。地处高寒地带的藏北高原年平均气温在 0 ℃ 以下，高原的西北边缘属寒带气候，年平均气温低至 −6 ℃ 以下，最暖的 7 月平均气温南羌塘海拔 4 200~5 000 m 的亚寒带为 6~10 ℃，局部地区可达 12 ℃；北羌塘海拔 5 000 m 以上的寒带地区为 3~6 ℃，最冷月平均气温都在 −10 ℃ 以下。高原年均降水量为 50 ~ 300 mm，其中 80% 以上集中于 6~9 月，干湿季节分明，但多为雪、霰、雹等固态降水。年降水量为 100~300 mm，自东南向西北递减。冬春多大风，如改则县 ≥ 17 m/s 的大风日数平均每年有 200 d 之多。光照条件充足，全年日照时数 2 800~ 3 400 h；年太阳辐射总值在 836 kJ/cm² 以上，远超过同纬度地区。但高原地面反射率高达 40% 以上，地面实际所获太阳辐射能量并不多。高原风力强，频度高，在黑（河）—阿（里）公路沿线的大风带，年均大于 17 m/s 的大风日数约 200 d。藏北高原上的植物种类较少，高等植物约有 400 种。以紫花针茅为主组成的高寒草原是高原上分布最广的地带性植被。随着寒旱化的增强，青藏苔草在羌塘北部占有较大的比重。

2. 存在的主要生态问题

一是草地超载，过度放牧，草场退化沙化严重；风大沙多，沙尘暴时有发生；风沙、风雪与水土流失灾害并存，加剧了沙地生态系统功能下降。二是全球气候变化，如气候变暖、降水改变及氮沉降等，严重影响高寒草地生态系统生产力、群落结构及生物多样性等，制约了当地畜牧业的发展。

（三）川西和甘南地区

1. 基本情况

川西甘南地区（北纬 24° 02′ ~ 36° 50′，东经 97° 57′ ~ 104° 48′）包括甘孜县、红原县、若尔盖县和玛曲县，在退化高寒草地（包括高寒草原、高寒草甸、高寒荒漠草原和高寒湿地草甸），位于四川省的西北部和青藏高原东部边缘，处在长江与黄河的上游，是长江和黄河的重要水源涵养区，同时也是我国最为重要的畜牧业基地之一。天然草地面积占区域总面积的 65%，畜牧业总产值占农业总产值的 55% 以上。

川西高原为青藏高原东南缘和横断山脉的一部分，海拔 4 000~4 500m，分为川西北高原和川西山地两部分。甘南草原位于甘肃省西南部，南临四川，西界青海。这里地处青藏高原东北部边缘，东南与黄土高原相接，总面积 4.5 万 km²，以高寒阴湿的高寒草甸草原为主，海拔在 3 000 m 以上，年均降水量为 600~810 mm，年平均气温为 4 ℃，其中夏季平均气温为 8~14 ℃。

2. 存在的主要生态问题

青藏高原高寒区川西和甘南地区是典型生态脆弱区，处于内陆干旱半干旱地带。受海洋性气候影响较弱，年降水量为 50~450 mm，地下水多在 50~100 m 之下，高寒草地在气候变化、鼠虫害、过度放牧等自然和人为因素的共同作用下呈现出明显退化的趋势，乱砍滥伐，使水源涵养林减少，地表及地下水存储量锐减，降水量减少，雪线上升，冰川后退，干旱引起草地加速退化。

（四）三江源区

1. 基本情况

　　三江源区位于青藏高原腹地，青海省南部。地理位置为北纬31°39′~36°16′，东经89°24′~102°23′，海拔3 450~6 621 m。行政区域包括玉树、果洛、海南、黄南、海西5个自治州的20个县及格尔木市代管的唐古拉山乡，总面积39.31万km²。

　　三江源区高寒草地的大面积退化直接威胁到该地区人畜的生存与发展，威胁到社会秩序的稳定，也威胁到长江、黄河中下游地区的生态平衡。最新的三江源区野外调查和遥感分析结果显示，三江源区未退化、轻中度退化、重度退化高寒草甸的面积分别为358.54万hm²、448.07万hm²和269.78万hm²。三江源国家级自然保护区内生态退化趋势得以缓解和改善，但仍有80%的黑土滩退化草地和60%的沙化土地未治理。另外，由于三江源区地形复杂，高寒草地分布坡度跨度很大。三江源区大面积的高寒草地分布在7°以上坡地，其中缓坡地（7°≤坡度＜25°）面积达547.31万hm²，占高寒草甸总面积的35%，陡坡地（坡度≥25°）面积达115.66万hm²，占总面积的7%；高寒草原的总面积为812.94万hm²，7°以上的坡地和陡坡地面积达140.49万hm²，占高寒草原总面积的17.28%。由于受小气候情况、土壤理化特征、土层厚度等因素影响，不同坡度草地植物群落结构和生态学过程等都有很大差异。

2. 存在的主要生态问题

　　林草植被覆盖度降低，湿地生态系统面积减少，湖泊萎缩，冰川后退，水资源减少；草地退化与土地沙化日趋加剧，水源涵养功能下降，江河径流量逐年减少，水土保持功能减弱；草原鼠害猖獗；生物多样性减少。高寒草地在气候变化、鼠虫害、过度放牧等自然和人为因素的共同作用下呈现出明显的退化趋势，草地退化加速。

（五）环青海湖及祁连山区

1. 基本情况

青海湖流域地处青藏高原东北部，既是连接青海省东部、西部和青南地区的枢纽地带，也是通达甘肃省河西走廊、西藏自治区、新疆维吾尔自治区的主要通道。青海湖流域是一个封闭的内陆盆地，地理位置介于北纬 36°15′ ~ 38°20′，东经 97°50′ ~ 101°20′，土地总面积 29 661 km²。四周高山环绕，北部的大通山是青海湖流域与大通河的分水岭；东面的日月山是青海湖流域与湟水流域的分水岭，也是青海省农业区与牧业区的分界线；西部的高原丘陵地带，是青海湖流域与柴达木盆地的分水岭；南面的青海南山，是青海湖流域与共和盆地的分水岭；东南部的野牛山，是青海湖流域与贵德盆地的分水岭。

青海湖流域在行政区划上分别隶属于海北藏族自治州的刚察县和海晏县，海西蒙古族藏族自治州的天峻县，海南藏族自治州的共和县，其范围涉及 3 州 4 县 25 个乡（镇）。青海湖流域地处东亚季风区、西北部干旱区和青藏高原高寒区的交汇地带，其气候类型为半干旱的温带大陆性气候。青海湖流域深居内陆，海拔较高，气温偏低，寒冷期长，没有明显的四季之分，干旱少雨，太阳辐射强烈，气温日较差大。同时，青海湖广阔的水体，使这一地区兼有明显的湖区区域小气候特征。

青海省祁连山地区位于柴达木盆地边缘，茶卡—沙珠玉盆地、黄河干流一线以北，北部边界为青海省的省界，西起当金山口，东至青海省界。位于东经 92°53′ ~ 103°10′，北纬 36°4′ ~ 39°21′，东西长约 1 124.6 km，南北宽约 364.9 km，区域周长约 2 448.3 km，总面积约为 12.71 万 km²。受独特地理区位及高亢地势等因素的影响，青海省祁连山地区具有明显的大陆性气候以及高原气候特征，主要表现为冬季寒冷、漫长、降水稀少，夏季湿润短暂、降水集中，西北部水汽渐少，多风，太阳辐射强烈，光照充足。冰雹、春旱、风沙、雪灾等灾害比较频繁。

近半个世纪以来，由于自然条件变化和人类活动的影响，青海湖流域出现了较为严重的生态问题，如干旱化加剧，冰川、雪山逐年消退萎缩，直接影响到湿地、河流和青海湖的水源补给；湿地面积不断减少，河流径流量和入湖水量不断减少，水位逐年下降，湖泊面积日益缩小，湖水矿化度增高；草地退化、沙化，野生动物的栖息环境发生变化，栖息地被人为分割，形成孤岛状分布，种类之间的关联度下降；青海湖裸鲤遭超强度捕捞，加之生态环境恶化，一些珍贵的鱼种濒临灭绝。青海湖生态环境恶化不但影响青海湖流域，而且严重威胁到青藏高原东北部的生态安全和这一地区经济社会的可持续发展。因此，研究青海湖流域的气候与水资源、生态状况等及其相互影响关系，对保护、恢复和综合治理本流域生态环境将起到积极的作用。

近几十年来，祁连山区因气候、超载放牧和人工草地品种选择不当、种植方式不合理（密度过高）导致土壤水分失衡，进而影响了草地群落结构，加速了生态系统退化。

2. 存在的主要生态问题

①环青海湖流域森林植被趋于消退状态；②高寒植被类型相对稀少；③湿生生态系统趋于退化；④环湖流域高寒草甸草场、高寒灌丛草场、山地草原草场、沼泽草场、疏林草场面积均有缩减，荒漠面积不断扩充，有向荒漠化发展的趋势；⑤环湖流域优良牧草种类减少，毒杂草大量滋生，可食草量大幅度下降，植被盖度降低；⑥环湖气候干暖化、放牧草地长期超载过牧、盲目垦荒、乱采滥伐、鼠虫危害等；⑦祁连山区域土壤利用率下降，草地生态系统稳定性丧失严重。

二、青藏高寒区退化草地生态治理与恢复的主要措施和效应

（一）青藏高寒区退化草地生态治理与恢复的主要措施

退化草地生态恢复的目标集中于两种功能，即生态功能和生产功能，恢复目标的类别主要以生物多样性、植被覆盖度和密度、土壤碳库为主，其余的恢复目标包括生产力、昆虫群落、植物群落结构、草地载畜量、目标物种等。但在不同的案例研究中又根据实际情况的不同进行较详细的区分。在实际案例中，一般都是多个目标的恢复，很少有单一目标的恢复。在很多的研究过程中，恢复目标的选择和确定主要受到研究对象的生物学特点以及研究人员专业领域的影响。但其中植被覆盖率是稳定不变的恢复目标，几乎在所有相关领域的研究案例中都有涉及。

在青藏高寒区退化草地生态系统改良和恢复中主要采取的一些技术措施有围栏、施肥、灭毒杂草、控制鼠害、补播等单项治理技术，土壤修复及固

图6.1　青藏高原退化高寒草地恢复治理示范区及人工饲草基地示范区建设前照片
（拍摄时间：左图为2010年12月，右图为2011年7月；拍摄地点：玉树巴塘；
内容：鼠害防治+夏季禁牧+人工草地建设，改良重度退化草地）

图6.2　退化草地恢复治理示范区及人工饲草基地示范区建设前后对比
（拍摄时间：左上图为2011年5月，右上图为2012年8月，下图为2012年9月；
拍摄地点：玉树巴塘；内容：重度退化草地恢复改良后建设的人工草地景观）

碳保水功能提升技术体系，人工种草、人工改良、半人工草地建设、饲草基地建设、人工草地复壮技术等整合技术体系。上述是采取的一些人工技术措施来提高草地的生产力，实现退化草地恢复的目标（图6.1和图6.2）。围栏封育的恢复措施耗时长；草地补播和施肥等措施会对草地和土壤生态系统产生较大的干扰性；植被更新中不同草地退化等级、退化阶段以及土壤性质等因素都会对植被的选择提出要求，工作量大，耗时长。基于草地退化等级的差异，可以采用分级的模式利用以上技术进行草地恢复。对于轻度退化草地，可以采用围栏封育的方式进行生态恢复，去除外界环境干扰，让其自然恢复；

对于中度退化草地，可以采用人工补播、施肥，清除毒草以及灭除鼠害等方式来治理；对于恢复困难大的极重度退化土地，比如黑土滩则采用人工措施改建成人工草地或饲草基地，利用植被更新等措施治理。草地恢复治理后的管理和合理利用非常重要，众多研究表明建立高效集约化的畜牧业生产模式对青藏高原高寒区草地畜牧业生产有着重要作用。

通过对各生态脆弱区因地制宜地实施恢复措施，退化草地恢复取得了显著的效果。最早实施的围栏封育措施，取得了很好的恢复效果（图6.3），但也存在不足之处。有研究表明，经过短期围栏封育，不同草地类型群落特征均有明显变化，主要表现为草层高度增加、总植被覆盖度提升、地上生物量增加、优良牧草（禾本科、莎草科）的比例增加，但围栏封育多年后又会下降。休牧能够保持山地草甸草原的可持续利用，可使草原表现正向性演替。面对天然草地退化的压力及人民生活质量持续稳定提高对畜牧业的需

图6.3　围栏封育恢复效果对比图（栅栏左侧为恢复后，栅栏右侧为恢复前）
（拍摄地点：青海省海南州同德县；拍摄时间：2015年7月）

求，建立高效人工草地模式是畜牧业资源高效利用的必然选择，也是推动我国畜牧业持续、稳定、高效发展的必然选择。在青藏高原退化草地（如黑土滩）上建植多年生草地，不仅能使土壤资源有效性和微生物菌群得以恢复，同时也能促进土壤、植物间的相互调节作用，有利于人工草地群落稳定性的提高。

此外发现，放牧对于退化草地的恢复具有两面性。过度放牧会降低植物物种的多样性，但适度的放牧会对气温升高而导致的高寒草地生物多样性降低发挥重要的缓冲作用，而且适度放牧可降低草场群落中优势种的竞争作用，可给其他植物的发展创造潜在机会，促进草地植物群落多样性的维系和发展。就恢复草地生产力来讲，这三种措施都能提高土地生产力、地上生物量以及生物多样性。围栏封育、施肥改良、划破草皮使可食牧草的产量分别增加了 60.5%~158.3%、45.9%~191.1%、32.7%~113.9%。实施"禁牧＋施肥＋防除"的恢复措施后，地上生物量显著大于禁牧的优良牧草的地上生物量，且秋季刈割措施能显著降低狼毒的密度，增加其他牧草产量。

在退化高寒草地施用氮肥也是一种有效的恢复措施。氮素输入可以显著提高根茎禾草、丛生禾草、豆科植物、苔草类植物的粗蛋白和粗脂肪含量，增加牧草品质，但会降低其物种多样性，改变植被群落的生存环境，从而改变植被特征。对物种多样性来讲，灌溉措施有利于提高群落生物的多样性和稳定性，促进退化草地的恢复。青藏高寒区所实施的生态畜牧业发展模式，既有利于保护青藏高原高寒草地生态系统，又有利于促进畜牧业的可持续发展，实现高寒区传统畜牧业的转型发展。这种新型畜牧业发展模式的建立为草场提供了休养生息的机会，为退化草场恢复提供了保障，同时也可以促进草地畜牧业经济的发展。

围绕青藏高原退化草地生态系统的恢复与发展所开展的一系列恢复措施，相互之间都有着密切的相关性，对草地生态恢复技术及其集成模式具有借鉴意义。针对高寒草地退化等级的不同，研发出适宜的综合治理模式。同时，这些措施已经在三江源区取得显著的效果和收益，为该区域退化草地的恢复与综合治理提供了技术支撑。在高寒草地生态监测技术研发方面，主要有遥感监测和样地评估技术、土地养分遥感评价与监测技术、高寒天然草地分类与动态监测支撑信息系统以及人工草地建植与管理信息系统。

（二）青藏高寒区各亚区退化草地生态治理与恢复的主要发展方向、模式和效应

1. "一江两河"地区

（1）生态恢复发展方向：针对"一江两河"地区草地退化的现状和草牧业发展的实际需求，以退化草地生态功能恢复提升为目标、草地生态—生产稳定性调控为核心，充分利用群落恢复演替理论，在恢复草地生态功能的同时，促进当地草牧业的发展，从技术和模式的典型区域适用性、经济实用性、效益显著性等方面，探讨已有生态恢复技术和模式的优化、融合和集成，形成"一江两河"地区退化草地生态恢复和草牧业发展转型的技术体系和模式。

（2）生态恢复模式与成效：共2个典型的生态恢复模式，分别是山地减畜保生态模式和河谷增畜促生产模式。通过典型示范区的应用和推广，使退化草地得到良好的治理，草地生产与生态协同发展，为"一江两河"地区退化草地的治理和草牧业发展提供优化模式。

2. 藏北高原和那曲地区

（1）生态恢复发展方向：积极保护现有草地，促进草地植被恢复；采取围栏封育、施肥、播种相结合的综合治理方针，以生物措施为主，逐步提高草地的植被覆盖率，达到防风固沙、遏制扬沙、改善沙地生态环境、恢复草原植被、保障畜牧业健康发展的目的；加强天然草地、高寒草甸、高寒草原等生态系统响应和适应全球气候变化的机制研究，为高寒天然草地应对未来气候变化提供科学支撑。

（2）生态恢复模式与成效：本亚区共4个典型的生态恢复模式，分别为那曲高寒草甸生态系统围栏封育、补播草种等相结合的综合生态恢复系统工程，高寒草甸生态系统退化精准识别精准施策模式，高寒牧草乡土品种筛选和恢复稳定模式，高寒草甸鼠害和毒杂草控制技术。

3. 川西和甘南高寒区

（1）生态恢复发展方向：青藏高原高寒草地生态系统和草地畜牧业的可持续发展，必须以生态学思想为基础，利用保护生态学和恢复生态学为指导，在保护生物多样性和草地良性发展的前提下发展高效的畜牧业，相关的学者提出来很多措施，如加快草地建设，完善草地法规；建立饲草料基地，缓解饲料不足问题，促进草场生态系统可持续利用；灭鼠，对草地实施综合改良等措施；恢复草原植被，保障畜牧业健康发展。

（2）生态恢复模式与成效：共收录5个典型的生态恢复模式，即围栏、冬春草场春季休牧管理模式、人工种植模式、防沙固沙模式、乔灌草恢复模式。

4. 三江源区

（1）生态恢复发展方向：青藏高原三江源退化草地与保护以及草地畜牧业的良性持续发展，要以保护生态学和恢复生态学为理论基础和技术指导。几十年来，高寒退化草地恢复与保护治理技术措施诸多，根据三江源高寒草地分布坡度大及地形的复杂性，相关的学者提出来诸多措施，主要如下：

1）退牧还草、退耕还林（草）及封山育林：对大面积退化草原进行退牧还草，对轻度退化草地和中度退化草地采取禁牧和围栏封育。

2）植树和种植牧草适宜相结合：根据气候条件，选择适生树种和优良牧草间种，提高水土涵养蓄水能力。

3）人工种草：根据当地气候条件选择多年生禾本科牧草，如早熟禾、老芒麦等较耐寒的草种进行人工混播，达到退化草地生态恢复重建的目的。

4）建立饲草料基地，缓解饲料不足问题，促进草场生态系统可持续利用。

（2）生态恢复模式与成效：共收录5个典型的生态恢复模式。

1）人工草地分类建植技术。在玉树藏族自治州玉树县巴塘乡铁力角村和玉树县国营牧场，经过多年的建设，研发了3种不同类型黑土滩人工草地建植技术，退化草地分类恢复技术综合治理示范区已建成，不同示范区已发挥生态保护和示范作用，对玉树县三江源黑土滩综合治理工程起到了技术支撑和示范作用，并得到了大面积推广应用。

2）生态型人工草地建植技术。建立生态型黑土滩人工草地的农艺措施主要有：①条播：灭鼠→浅耕→轻耙→施肥→机械播种→覆土→镇压；②撒播：灭鼠→浅耕→轻耙→施肥→撒播大粒种子→覆土→撒播小粒种子→镇压。适宜建植区域：土层厚度在15 cm以下、坡度小于25°的滩地、缓坡地黑土滩和坡度大于25°的陡坡地黑土滩。特点：防风固沙、涵养水源、易形成草皮。

3）放牧型人工草地建植技术，建立放牧型黑土滩人工草地的农艺措施主要为：灭鼠→翻耕→耙耱→施肥→撒播（条播）→覆土→镇压等。其中，播种量、播深和镇压等工序非常重要。镇压不但使种子与土壤紧密结合，有利于种子破土萌发，而且能起到提墒和减少风蚀的作用。特别是在轻壤或轻沙壤土地区尤为重要。适宜建植区域：土层厚度在15 cm以上、坡度小于25°的滩地和缓坡地黑土滩。特点：快速形成草皮、耐牧耐踏、草质柔软、适口性好、持久性强、产量高，可用10年以上。

4）刈用型人工草地建植技术。建立刈用型黑土滩人工草地的农艺措施主要为：①条播：灭鼠→翻耕→耙耱→施肥→机械播种→镇压。②撒播：灭鼠→翻耕→施肥→耙耱→撒播→覆土→镇压等。适宜建植区域：择冬春草场土层厚度在20 cm以上、坡度小于7°的黑土滩。特点：植株高大、产量高、牧草营养丰富、可加工为育肥补饲饲料、可作青贮饲料。

5）高寒地区燕麦和箭筈豌豆混播技术。这是2011年开发的一种高寒地区燕麦和箭筈豌豆混播技术。燕麦与箭筈豌豆为2∶1的混播比例，产量达到 40 596 kg/hm², 与燕麦单播相比, 产量提高了 37.71%、粗蛋白含量提高了 43.52%。目前已在三江源区的果洛、玉树、海南等地使用, 在青海三江集团的国营牧场也得到推广应用。

生态恢复措施实施以来, 三江源草地面积净增加 123.7 km², 水体与湿地面积净增加 279.85 km², 荒漠生态系统面积净减少 492.61 km²。青海湖面积为 4 389.31 km², 与此前 10 多年的平均值相比, 增大了 125.05 km²。最近的监测数据表明, 与保护工程实施前相比, 三江源地区各类草地的平均覆盖度增加 5.6%, 草地产草量整体提高 30.31% ; 减畜措施使得草地超载率由 2005 年之前的 129% 下降至目前的 46%。

5. 环青海湖及祁连山区

(1) 生态恢复发展方向: 青藏高原高寒草地生态系统恢复和重建以生态学理论为基础, 保护生态学和恢复生态学为指导, 在保护生物多样性和草地良性发展的前提下发展高效的畜牧业, 相关的学者提出来很多措施: 根据青海湖流域生态保护与建设的需求, 针对高原天然草地基本特征和退化草地、退耕地、工程形成的次生裸地等突出生态问题, 在刚察县伊克乌兰乡刚察贡麻村建立放牧制度和放牧强度控制试验基地 ; 在刚察县哈尔盖镇果洛藏秀麻村建立两季轮牧示范区 ; 在湖东种羊场和铁卜加草原改良实验站建立高寒草原、芨芨草原综合利用基地 ; 在青海省三角城种羊场建立轻度退化草地恢复—封育试验基地, 中度退化草地恢复—施肥、封育试验基地, 重度退化草地恢复—封育 + 补播 + 施肥试验基地, 次生裸地灌草恢复技术示范基地 ; 在刚察县沙柳河镇潘保新村建立退耕地人工草地建植示范基地 ; 在刚察县黄玉农场建立退耕草地植被恢复试验区等试验示范基地。

(2) 生态恢复模式与成效: 青海湖流域生态保护主要针对高原天然草地基本特征和退化草地、退耕地、工程形成的次生裸地等突出生态问题, 采用科研与示范工程相结合的方法, 应用生物多样性保护、恢复生态学的新方法和新技术, 通过技术筛选和综合集成, 试验示范天然草地的保护、合理利用的综合技术措施，进行退化草地恢复，提出青海湖流域草地生态环境保护和建设对策以及不同退化草地治理途径、配套技术和模式；建立人工、半人工草地群落优化配套模式，建植技术示范区并进行推广；针对草原工程建设区段集中形成的次生裸地，建立和集成次生裸地植被恢复技术，并建立相应的示范区，为青海湖流域草地生态保护建设提供技术支撑和示范样板。

草地退化的研究、恢复措施很多，本亚区收录 6 个典型的生态恢复模式，分别是高原天然草地保护与合理利用技术、退化草地生态修复技术、退耕草地植被恢复与人工植被建设、草原次生裸地植被恢复技术、物种组合与配比技术、旱坡植被建植与管理技术。

三、青藏高寒区退化草地生态治理与恢复的前景及展望

（1）高寒草地退化演替过程与自身脆弱的生态环境、气候变化以及人类活动息息相关，在高寒草地生态系统变化、退化防控与恢复治理方面，对高寒草地退化的驱动因素进行量化分析以及高寒草地退化程度的定量化、可视化表征，为其综合治理及治理体系评价提供了技术和理论支撑。但气候变化和人类活动等因素对高寒草地生态系统的影响机制以及定量模拟、精准化方面仍需进行更加系统的研究，以达到准确揭示不同区域、不同草地类型高寒草地退化演替的生态过程和机制，对草地退化的驱动因素实现精准控制，并为高寒区退化草地的恢复提供理论基础和技术支撑。

（2）在退化高寒草地生态恢复的综合研究过程中，在青藏高寒区主要以"黑土滩""黑土山"退化草地的恢复为研究对象，研究主要集中于对高寒草地恢复技术和机制的研究，所以还应该对各类退化草地的恢复技术及其产生的效应进行长期监测研究和区域发展性评价，同时需要加强对高寒荒漠和高寒湿地等区域退化植被恢复的技术研究。

（3）过度放牧是导致青藏高寒区草地退化的主要人为因素之一，保护高寒草地与促进该区畜牧业经济发展是一对长期的矛盾，所以要在保护青藏高寒区生态系统、遏制草地退化以及进行退化草地恢复的前提下发展畜牧业经济，在已有相关技术研究的基础上，加大对草地畜牧业复合功能的研究，促进牧区经济的可持续健康发展。当下对高寒草地生态系统的综合治理体系以及恢复技术，草地的合理利用和集约化畜牧业生产模式的研究刻不容缓。

（4）未来在整个青藏高原推广该植被恢复模式亟须构建空—天—地一体化的遥感监测网络，建立多尺度的草地状况监测体系，因地制宜地实施恢复方案，以便实现更好的恢复效果。在此过程中迫切需要无人机技术获取地表参数的动态变化，通过高分辨率传感器获取厘米级别的地表覆被类型，获取地表植被的分布，以此判断草地类型、质量及退化程度，有针对性地实施适宜的植被恢复技术；另外，高原鼠兔洞分布是草甸退化的一个重要伴生过程，以高原鼠兔为主的鼠类通过挖洞、采食地上植被等活动加剧了本已脆弱的草地生态环境，导致优良牧草锐减，毒杂草滋生。无人机技术能够精确观测鼠兔洞的景观分布格局及揭示鼠兔洞数量、特征及分布对高寒草地的影响，可以针对鼠兔洞的不同分布实施不同的鼠害控制技术。

（5）随着人口的增加，人们对食物及空间的需求也不断增长，加之全球性气候变化，导致青藏高寒区草地的退化现象日益严重。本书旨在总结前人的研究成果，得出高寒草地退化的程度、原因及恢复措施，从而能够避免使高寒草地进一步退化，并且对已退化的草地能够实施高效的恢复措施。通过总结可以看出草地退化原因包括人为因素与自然因素两方面，其中主要是鼠害严重危害及过度放牧导致的优质草地发生退化。据查阅相关资料得知，藏族牧民信仰藏传佛教，不会随意杀害高原鼠兔，从而间接地导致了鼠害的严重发生；而过度放牧是人们对于高寒草地生态最主要的干扰方式，不少学者都得出同样的结论，随着放牧强度的增加，草地生产力和物种多样性会大大降低。围栏封育和人工草地在短期恢复中成效显著，能够提高草地物种多样性、生物量以及改善土壤理化性质，但是长期恢复中都存在着物种多样性低，恢复草地抗干扰能力差的情况。所以，应多种恢复措施结合使用，如人工草地与补播相结合，增加人工草地中物种的多样性，提高人工草地的抗干扰能力，从而能达到更持久的恢复效果。单一恢复措施短期恢复成果显著，但其长期效果不佳，这也推动着我们要继续寻求更加高效及长期的恢复措施。

（6）对于青藏高寒区退化草地的恢复，当前的恢复措施大多局限于宏观层面，即使是多种恢复措施、技术的综合治理也存在着不足之处。随着科技的进步，在今后的工作中可以引入微观层面的恢复技术，例如微生物恢复技术，可以通过对退化草地微生物的研究，引入有利于草地恢复的微生物进入地下生态系统，与现有宏观措施一起发挥作用，从而加快草地恢复，优化草地质量。

第七章

西南喀斯特地区石漠化综合治理与恢复

一、西南喀斯特地区生态分区及主要生态问题

（一）全球喀斯特分布

喀斯特也称岩溶，是水对可溶性碳酸盐岩（白云岩、石灰岩等）进行以化学溶蚀作用为主，以流水的冲蚀、潜蚀和崩塌等机械作用为辅的地质作用，以及由这些作用所产生的现象的总称。全球喀斯特面积约 2 200 万 km^2，主要包括东亚喀斯特地区、欧洲地中海周边喀斯特地区和美国东部喀斯特地区，约占全球陆地总面积的 12%，为近 25% 的世界人口提供饮用水；喀斯特地貌分布面积 5 万 km^2 或占国土总面积 20% 以上的国家有 88 个（袁道先等，2016；何霄嘉等，2019）。

国外喀斯特地区人口和贫困压力相对舒缓，生态环境以保护为主，研究主要侧重于喀斯特水文地质、地下水资源与利用、洞穴及古气候记录、地质灾害防治等。国际上喀斯特研究以欧洲发达国家占主导地位，如以斯洛文尼亚、意大利、西班牙、瑞士和奥地利为代表的发达国家侧重于地理地质综合研究，在地貌演化、洞穴、水文水资源等领域总体水平较高（何霄嘉等，2019）。东南亚和中亚等发展中国家，由于社会经济发展水平低、人地矛盾尖锐，研究则以开发利用和生态恢复为主。如泰国在洞穴开发、岩溶塌陷等方面的研究工作较多，土耳其、伊朗在干旱区喀斯特地貌的研究也具有一定的特色。

（二）我国喀斯特地区特殊性及其生态脆弱性

我国喀斯特地区占我国陆地总面积的 1/3，连片裸露型 54 万 km^2 集中分布于我国西南部，且喀斯特发育典型、地貌类型齐全，涉及贵州、云南、广西、湖南、湖北、重庆、四川、广东 8 省区 465 个县（市、区）。我国西南

喀斯特地区总人口 2.22 亿人（少数民族 4 537 万人），社会经济发展水平低，以高强度农业活动为主，人地矛盾尖锐，石漠化严重，同时也是连片贫困区和少数民族聚居区，开发与生态保护的矛盾更为突出，因此在喀斯特基础研究和生态保护与建设方面具有世界代表性和范例性。

碳酸盐岩是喀斯特发育的物质基础，根据其矿物、化学成分含量的差异可分为石灰岩、白云岩两种基本类型（图 7.1）。从全球角度来看，我国喀斯特发育最为典型、地貌类型最为齐全，主要包括喀斯特峰丛洼地、断陷盆地、喀斯特高原、喀斯特槽谷、喀斯特峡谷、峰林平原、溶丘洼地、中高山等，具有鲜明的特点（曹建华等，2004；袁道先等，2016）。

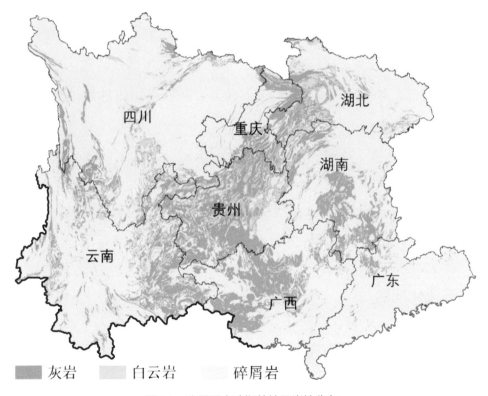

图7.1 我国西南喀斯特地区岩性分布

1. 碳酸盐岩古老、坚硬、质纯

我国西南地区出露的碳酸盐岩地层主要为三叠系至前寒武系，岩溶形态挺拔、陡峭。这是我国喀斯特地区石漠化易发生的地质岩性的结构特征，有别于中美洲古近纪、新近纪松软、高孔隙度碳酸盐岩形成的喀斯特地貌。

2. 季风气候，水热同期

我国喀斯特发育主要受到太平洋季风气候的影响，水热同期，有利于碳酸盐岩的溶蚀和沉积，有利于喀斯特的发育及地表、地下双层结构的形成。

3. 新生代大幅度抬升

碳酸盐岩的可溶性与新构造运动的不断抬升，使喀斯特发育的形态充分和完整，不存在长期的夷平和堆积作用，有别于冈瓦纳大陆长期侵蚀、搬运、夷平、堆积过程而形成的喀斯特。

4. 喀斯特地表形态完整

未受末次冰期大陆冰盖刨蚀，喀斯特形态尤其是地表形态得以完整保存，使中国成为一个天然的喀斯特博物馆。这有别于冰川喀斯特地区的冰川刨蚀形成的石漠化，如英国中部 Yorkshire 石灰岩存在冰川刨蚀后形成的冰溜面石漠化。

5. 人类活动强度高，开发与保护的矛盾突出

我国西南喀斯特地区多属老少边聚居区，人口密度高，远超喀斯特地区合理的生态环境承载力，人地关系高度紧张。耕地资源十分稀缺，且有限耕地大多属旱涝频发、收成难保的贫瘠山地。

（三）石漠化问题

相比干旱、半干旱地区的荒漠化，石漠化是发生在湿润、半湿润地区的土地退化过程中，是一种特殊的荒漠化类型。它是在热带、亚热带湿润、半湿润气候条件和岩溶高度发育的自然背景下，受人为活动干扰，地表植被遭受破坏，造成土壤侵蚀程度严重，基岩大面积裸露的土地退化的表现形式（图 7.2）。

图7.2　喀斯特森林与严重石漠化

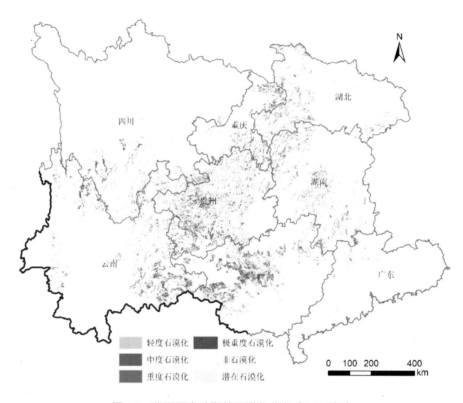

图7.3 我国西南喀斯特石漠化分布（2005年）

我国石漠化集中分布于西南地区，以贵州、云南、广西分布最为集中和严重（图7.3）。石漠化土地的形成是特殊的自然因素与人为因素综合作用的结果，其中人为因素起主导作用，这也是实施石漠化综合治理的基本出发点。

1. 自然因素

碳酸盐岩具有易溶蚀、成土慢、土壤易流失的特点，为石漠化形成提供了物质条件。据研究，喀斯特地区形成 1 cm 厚的土层所需的时间，为同纬度非喀斯特地区的 10～40 倍。形成的土壤土层薄，层次发育不全，土层与其下附着的刚性岩石黏着力差，极易侵蚀。

绝大多数喀斯特地区年均气温处于 15～20 ℃，山高坡陡，降水丰沛集中，为石漠化形成提供了侵蚀动力和溶蚀条件。喀斯特地区年降水量多在 1 000～1 400 mm，降水多集中在 5～9 月，降水强度大，极易导致水土流失。同时，喀斯特地区地形陡峭、切割深、落差大，随着坡度的增加，坡面下泄水土的速度大大加快，冲刷力成倍增加，加剧了土壤侵蚀。

2. 人为因素

人为因素是石漠化形成的主要原因。喀斯特地区大多是少数民族集聚区，人口自然增长率较高，密度大，平均人口密度达 210 人 /km²，超出了区域资源环境的承载能力。但是，为了生存和发展，一些群众过度开发土地资源，形成"人增—耕进—林草退—石漠化"的恶性循环，主要表现为陡坡开垦、过度樵采、过度放牧及不合理开发建设。

（四）西南喀斯特地区生态分区

1. 大地貌分区

自然地域分区是喀斯特石漠化科学治理的前提和重要基础，也是未来进行区域可持续性研究的方向。《岩溶地区石漠化综合治理规划大纲（2006—2015 年）》依据岩溶发育的特征，将喀斯特地区地貌组合类型划分为中高山喀斯特山地、喀斯特断陷盆地、喀斯特高原、喀斯特峡谷、峰丛洼地、喀斯特槽谷、峰林平原、溶丘洼地（槽谷）以及局部分布的石林等。根据碳酸盐岩的类型、岩性组合特征对喀斯特地貌塑造的影响，以及不同喀斯特地貌对区域环境和水土资源的制约、石漠化在不同地貌条件下的形成、发育的特征等因素，将喀斯特地区石漠化综合治理区域划分为中高山石漠化综合治理区、喀斯特断陷盆地石漠化综合治理区、喀斯特高原石漠化综合治理区、喀斯特峡谷石漠化综合治理区、峰丛洼地石漠化综合治理区、喀斯特槽谷石漠化综合治理区、峰林平原石漠化综合治理区、溶丘洼地（槽谷）石漠化综合治理区等八个区（图 7.4）。各分区及其存在的主要生态问题如下。

（1）中高山石漠化综合治理区：包括滇西北和川西及四川盆地西部周边，有 23 个石漠化县，其中石漠化严重县有 8 个。区域土地总面积 8 万 km²，喀斯特面积 2.01 万 km²，石漠化面积 0.68 万 km²，占喀斯特面积的 33.83%。该区主要问题是自然条件较差，人口贫困，局部水资源、能源短缺，草地

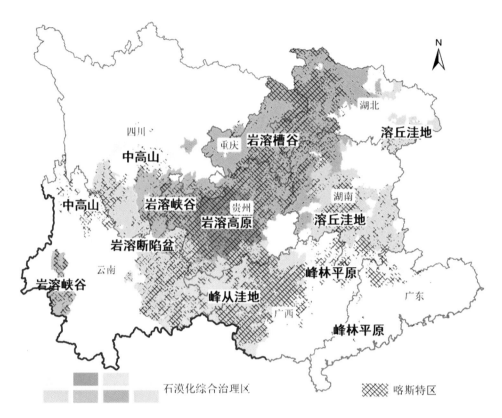

图7.4　石漠化综合治理大地貌分区

退化。

（2）喀斯特断陷盆地石漠化综合治理区：位于云贵高原，包括滇东至四川攀西（昌）盐源地区及贵州西部的 45 个县，其中石漠化严重县有 17 个。区域土地总面积 11.54 万 km^2，喀斯特面积 4.73 万 km^2，石漠化面积 1.51 万 km^2，占喀斯特面积的 31.92%。该区主要问题是盆地周边山区石漠化严重，农村能源短缺，局部地区无序工矿活动严重，加速了土地石漠化；盆地内水资源短缺，制约了土地和光热资源的开发利用。

（3）喀斯特高原石漠化综合治理区：位于贵州中部、长江与珠江流域分水岭地带的高原面上，包括贵州平坝—安顺—普定—六枝的 34 个石漠化县，其中石漠化严重县有 18 个。区域土地总面积 5.63 万 km^2，喀斯特面积 4.78 万 km^2，石漠化面积 1.36 万 km^2，占喀斯特面积的 28.45%。该区主要问题是石漠化严重，地表水资源短缺，中低产田比例高，人口密度大。

（4）喀斯特峡谷石漠化综合治理区：本区位于南盘江、北盘江、金沙江、澜沧江等大江大河的两岸，包括黔西南、滇东北、滇西南以及川南等地的35个县，其中石漠化严重县有20个。区域土地总面积8.76万 km²，喀斯特面积4.37万 km²，石漠化面积1.35万 km²，占喀斯特面积的30.89%。该区主要问题是海拔800～1 000 m以上的地区虽然土层较厚但土壤侵蚀严重，其下部地区土层薄，人口压力大，陡坡开垦、砍伐薪材现象比较严重。区域地表水资源短缺，生态承载力低。

（5）峰丛洼地石漠化综合治理区：本区位于贵州高原向广西盆地过渡的斜坡地带，包括黔南、黔西南、滇东南、桂西、桂中等地的62个县，其中石漠化严重县有41个。区域土地总面积16.69万 km²，喀斯特面积8.72万 km²，石漠化面积3.10万 km²，占喀斯特总面积的35.55%。该区主要问题是出露的碳酸盐岩古老、坚硬、层厚、质纯，且连片分布；水文系统具有典型的二元结构，地表水系缺乏，而地下水系发育；缺水、少土，耕地资源匮乏，石漠化严重，生态恶劣，人地矛盾十分突出。

（6）喀斯特槽谷石漠化综合治理区：本区包括黔东北、川东、湘西、鄂西以及渝东南、渝中、渝东北等地的130个县，其中石漠化严重县有49个。区域土地总面积29.61万 km²，喀斯特面积13.38万 km²，石漠化面积3.49万 km²，占喀斯特面积的26.08%。该区主要问题是局部碳酸盐岩集中分布区石漠化严重，并有加重的趋势；交通等基础设施建设和煤矿开采常导致高位喀斯特水资源渗漏；农业生产结构不尽合理。

（7）峰林平原石漠化综合治理区：包括桂中、桂东、湘南、粤北等地54个县，其中石漠化严重县4个。区域土地总面积12.22万 km²，喀斯特面积3.53万 km²，石漠化面积0.59万 km²，占喀斯特面积的16.71%。该区主要问题为大多数地表水库存在渗漏问题，地表水资源流失严重，耕地干旱缺水，过度开采地下水可能引发地面塌陷；石漠化影响喀斯特景观旅游资源的价值。

（8）溶丘洼地（槽谷）石漠化综合治理区：包括湘中、湘南、鄂东、鄂中等地的 68 个县，其中石漠化严重县有 12 个。区域土地总面积 13 万 km²，喀斯特面积 3.47 万 km²，石漠化面积 0.88 万 km²，占喀斯特面积的 25.36%。该区主要问题为工农业生产活动较为活跃，对水资源的需求量大，加上降水的时空分布不均，季节性干旱严重。局部采矿、采煤等工矿活动对地下水文结构的影响较大，容易导致地面沉降、地面塌陷灾害的发生。

2. 基于岩性—气候—微地貌特征的自然地域分区

峰丛洼地是我国西南地区面积最大的喀斯特地貌类型区，水热资源相对较好，但由于其较高的景观异质性，该区面临着石漠化治理投入与分区粗放、治理技术与模式区域针对性不强等问题（王克林等，2016）。亟须在前期《岩溶地区石漠化综合治理规划大纲（2006—2015 年）》喀斯特地貌分区基础上，进一步开展峰丛洼地自然地域分区，明确不同喀斯特峰丛洼地区域的自然与社会经济条件差异，提升喀斯特石漠化治理的区域针对性和可持续性，以服务于后续石漠化治理工程规划（张雪梅等，2020）。

（1）分区思路：分区主要考虑了喀斯特峰丛洼地区域地质、气候和地形地貌等因素在空间上的相似性和差异性，利用去除小于 6° 土地的碳酸盐岩面积比例作为一级分区指标，气候分异作为二级分区指标，大地貌部位和锥峰塔峰等微地貌发育形态作为三级分区指标，并且综合分析三级分区的社会经济和石漠化治理现状及成效，开展石漠化治理优化分区（图 7.5）。

（2）分区原则：依据制约成林主导因子的类似性、土地利用主导因子的类似性、气候—植被的类似性、恢复对策和措施的类似性、区域的完整性等进行分区。

（3）分区指标：分区指标分别为岩性、优势坡度及其变化、小于 6° 土地面积比例、地形起伏度、气候—植被分带等。

首先基于修正的地质图（传统地质填图是为科学找矿服务，不仅考虑裸

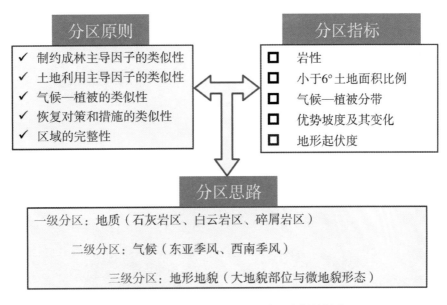

图7.5　喀斯特峰丛洼地石漠化综合治理自然地域分区

露地质岩层，还考虑了埋藏型的碳酸盐岩岩层，可通过提取坡度小于6°的坝地去除埋藏型碳酸盐岩，反映实际的石漠化发生及分布区域）将峰丛洼地区域划分成以碎屑岩为主的非喀斯特地区和以碳酸盐岩为主的喀斯特地区，再依据气候分异特征将喀斯特地区划分为滇东南、桂西南西南季风非典型峰丛洼地区和东亚季风典型峰丛洼地区，进一步依据大地貌部位及微地貌特征将东亚季风典型峰丛洼地区细分为黔西南高原面浅碟形锥峰洼地区、黔南桂北大斜坡北部漏斗形锥峰洼地区、桂中大斜坡南部漏斗形锥塔峰洼地区和桂南丘陵浅碟形锥塔峰洼谷区等亚区（图 7.6）。

分区结果表明，喀斯特峰丛洼地具有地质地貌分区明显、气候分异性强、土地资源分布不均、人地关系区域差异大的特点。各分区内石漠化均呈面积持续净减少、程度降低的趋势，但由于区域自然地域差异，未来石漠化治理的侧重方向不同：

1）以碎屑岩为主的非喀斯特地区坡缓土厚，人口稀少，人地矛盾相对缓和；西南季风非典型峰丛洼地区受西南季风影响，干湿季节特征鲜明，喀斯特地貌发育不典型，以常态山为主，未来石漠化治理应结合工程措

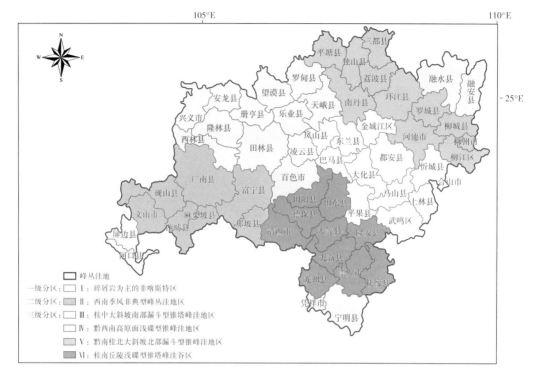

图7.6　面向石漠化治理的喀斯特峰丛洼地自然地域分区

施，提高资源利用效率。

2）东亚季风典型峰丛洼地区：桂中大斜坡南部漏斗形锥塔峰洼地区重度、极重度石漠化问题突出，石漠化面积广、程度深，可利用土地资源缺乏，未来石漠化治理宜采用土地集约化利用的立体生态发展模式；黔西南高原面浅碟形锥峰洼地区地形起伏较大，人口稠密，人地关系最为紧张，石漠化问题虽有减缓但依然严重，未来石漠化治理需通过大力发展生态旅游来助推农村产业结构调整，进而缓解高强度人口压力对土地的依赖；黔南桂北大斜坡北部漏斗形锥峰洼地区石漠化面积比例相对较低、喀斯特景观资源丰富，未来石漠化综合治理应注重发展具有石生环境特色的高效经济林果产业，提升生态效益和实现快速脱贫；桂南丘陵浅碟形锥塔峰洼谷地区水热资源最为充沛、人地关系相对舒缓，石漠化问题不突出，可采用自然封育和坡麓灌木林提质改造的石漠化治理模式。

二、西南喀斯特地区石漠化综合治理与恢复的主要措施和效应

（一）石漠化治理的主要措施

我国政府高度重视石漠化治理，国务院于 2008 年 2 月批复了《岩溶地区石漠化综合治理规划大纲（2008—2015 年）》，明确了石漠化综合治理工程建设的目标、任务和保障措施，确定了"以点带面、点面结合、滚动推进"的工作思路，重点采取农业、林业及水利工程等措施综合治理石漠化。石漠化治理开始作为一项独立的、系统的工程和综合治理的工程全面展开。

石漠化治理是一项十分复杂的系统工程，治理措施涉及多方面的内容，概括起来主要有林草植被保护与恢复、草食畜牧业发展、水土资源综合利用（表 7.1）。主要措施如下。

表 7.1　石漠化综合治理工程任务投资累计完成情况表（2008—2015 年）

治理情况	贵州	云南	广西	湖南	湖北	四川	重庆	广东	总计
治理县个数/个	78	65	77	32	28	16	16	4	'316
治理喀斯特面积/万km²	2.21	1.18	1.38	0.56	0.50	0.32	0.33	0.11	6.59
治理石漠化面积/万km²	0.72	0.66	0.32	0.11	0.19	0.09	0.11	0.06	2.26
植被建设和保护/万km²	70.90	65.15	31.84	10.54	18.35	8.70	11.00	5.61	222.09

续表

治理情况	贵州	云南	广西	湖南	湖北	四川	重庆	广东	总计
封山育林育草/万km²	40.55	48.59	29.26	6.76	15.15	4.98	7.64	4.99	157.92
人工造林/万km²	24.29	15.37	2.08	3.3	2.21	3.02	2.7	0.57	53.54
草地建设/万km²	6.06	1.19	0.5	0.48	0.99	0.7	0.66	0.05	10.63
棚圈建设/万km²	115.55	43.64	56.52	23.85	20.56	13.68	6.79	—	280.59
坡改梯/hm²	8 322.66	8 468.08	1 558.26	541	1 034.6	1 111.97	741.8	6.7	21 785.07
排灌沟渠/万km	0.33	0.11	0.29	0.14	0.06	0.08	0.05	0.02	1.08

1. 封山育林育草

封山育林育草是充分利用植被自然恢复能力，以封禁为基本手段，辅以人工措施促进林草植被恢复的措施，具有投资小、见效快的特点。对具有一定自然恢复能力，人迹不易到达的深山、远山和中度以上石漠化区域划定封育区，辅以"见缝插针"方式补植补播目的树种，促进石漠化区域林草植被正向演替，增强生态系统的稳定性。综合植被覆盖度在70%以下的低质低效林、灌木林等石漠化与潜在石漠化土地均可纳入封山育林范围，原则上单个封育区面积不小于10 hm²。

2. 人工造林

科学的植树造林是喀斯特生态系统恢复最直接、最有效、最快速的措施。根据不同的生态区位条件，结合地貌、土壤、气候和技术条件，针对轻度、中度石漠化土地上的宜林荒山荒地、无立木林地、疏林地、未利用地、部分以杂草为主的灌丛地及种植条件相对较差的坡耕旱地、石旮旯地，因地制宜地选择喀斯特地区先锋乡土树种，科学营造水源涵养、水土保持等防护林；根据市场需要和当地实际情况，选用名特优经济林品种，积极发展特色经果、林草、林药、林畜、林禽等生态经济型产业，适度林下种养，延长产业链；根据农村能源需要，选择萌芽能力强、耐采伐的乔灌木树种，适度发展薪炭林。

3. 草地建设

主要包括人工种草、改良草地和草种基地建设。对中度和轻度石漠化土地上的原有天然草地植被，通过草地除杂、补播、施肥、围栏、禁牧等措施，使天然低产劣质退化草地更新为优质高产草地，逐渐提高草地生产力。同时，根据市场需求和土地资源条件，依托退耕还林还草工程、退化草地及林下空地，科学选择多年生优良草种，合理发展林下种草或实施耕地套种牧草，建设高效人工草场，为草食畜牧业发展提供优质牧草资源。

4. 坡改梯

针对坡度平缓、石漠化程度较轻、人多地少、矛盾突出的村寨周边，选择近村、近路、近水的地块实施以坡改梯工程为重点的土地整治，通过砌石筑坎，平整土地，降缓耕作面坡度；实施客土改良，增加土壤厚度，提高耕地生产力；强化坡改梯后耕地地埂绿篱或生态防护林带建设，提高林草植被覆盖度，改善耕地生态环境，保证坡改梯后土地承载能力的提升。

5. 小型水利水保配套工程

根据坡改梯区域实际地形、水源分布与自然灾害特点，合理配套建设引水渠、排涝渠、拦沙谷坊坝、沉沙池、蓄水池等坡面及沟道水土保持设施，拦截水土，改善农业耕作条件，提升耕地的保土蓄水能力，将低质低效石漠化旱地建成高效稳定的优质耕地。

2008—2010年，国家安排专项资金在100个石漠化县开展喀斯特地区石漠化综合治理试点工程，累计安排中央预算内专项资金22亿元，整合了其他中央专项投资及地方资金上百亿元，明显加大了投入力度。2011年，石漠化综合治理工程正式实施，工程规模将"十一五"期间的石漠化治理重点县由100个县扩大到200个，2012年扩大至300个县，2014年已扩大至

316 个县。2016 年,《岩溶地区石漠化综合治理工程"十三五"建设规划》正式实施。

（二）石漠化治理的区域生态环境效应

1. 突破了以保土集水为核心的石漠化治理技术体系，形成了喀斯特生态治理的全球典范

突破了喀斯特地下水探测与开发、表层岩溶水生态调蓄与调配利用、道路集雨综合利用、土壤流失 / 漏失阻控、土壤改良与肥力提升、喀斯特适生植被物种筛选与培育、人工诱导栽培、耐旱植被群落优化配置、植被复合经营等以保土集水为核心的石漠化治理技术体系，提出了喀斯特山区替代型草食畜牧业发展、石漠化垂直分带治理、喀斯特复合型立体生态农业发展等石漠化治理模式，形成了石漠化治理与生态产业协同的系统性解决方案，有效遏制了石漠化扩展趋势，为国家石漠化治理工程的实施及全球喀斯特生态治理提供了有力技术保障，成为全球喀斯特生态治理的"中国治理范式"，成为我国履行《联合国防治荒漠化公约》的重要依据，成为了喀斯特生态治理的全球典范（何霄嘉等，2019）。截至 2020 年，石漠化综合治理工程已累计安排中央预算专项投资 213 亿元。在大规模生态恢复背景下，我国石漠化面积也由 2005 年的 12.96 万 km^2 减少到 2016 年的 10.07 万 km^2，实现了石漠

图7.7　广西环江古周石漠化治理示范区（左图：治理前，2002年；右图：治理后，2019年）

化面积持续减少与程度显著改善的阶段性成果（图 7.7，王克林等，2019）。

2. 我国西南地区成为全球"变绿"的热点区，为缓解全球气候变化做出了重要贡献

喀斯特石漠化演变的总体趋势已由 2011 年以前的持续增加转变为持续净减少，石漠化程度减轻、结构改善，特别是重度石漠化减少明显。2001—2015 年喀斯特地区植被生物量的增加速度是治理前（1982—2000 年）的 2 倍，治理区域比非治理区域的植被覆盖度高 7%，与未开展生态治理的越南、老挝和缅甸等邻国相比，生态治理显著促进了西南喀斯特地区生态环境的改善（图 7.8）。2018 年 1 月，《自然》子刊（Nature Sustainability）发表上述喀斯特生态恢复与石漠化治理成效评估成果（Tong et al., 2018）;《自然》针对该论文发表长篇评述，指出"卫星影像显示中国正在变得更绿"，进一步肯定我国石漠化治理的积极成效（Macias-Fauria，2018）。

喀斯特地区石漠化治理与生态恢复对我国碳汇能力的提升也发挥了重大作用，2002—2017 年西南地区植被地上生物量固碳抵消了该区域 2012—2017 年人类活动 CO_2 排放的 33%（Tong et al., 2020）。其中，自然恢复和人工造林对整个区域碳吸收的贡献率分别达 14% 和 18%，有效缓解了全球气候变化的影响。从全球尺度上来看，1999—2017 年中国西南喀斯特地区是全球植被覆盖显著增加的热点区域之一，中国西南 8 省区 55% 的植被生物量仍显著增加，其中约 30 万 km^2 主要分布在喀斯特地区（Brandt et al., 2018）。西南喀斯特地区恢复显著，以不到全球 0.5% 的面积贡献了全球植被地上生物量恢复最快地区的 5%。

3. 石漠化治理与脱贫攻坚有机结合，对实现全球可持续发展目标做出重要贡献

石漠化地区也是我国最大面积的集中连片贫困区，集中连片特殊困难县和国家扶贫开发重点县 211 个（2017 年年底），区域贫困面大、贫困程度深。将石漠化治理与扶贫开发有机结合，助力区域脱贫攻坚，因地制宜发展了特

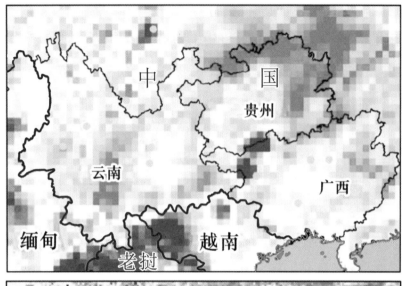

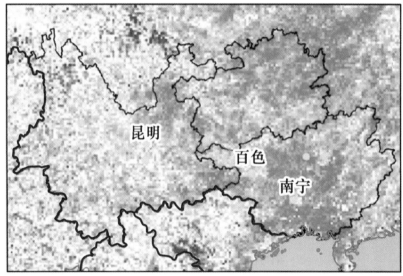

图7.8　与东南亚邻国相比我国西南喀斯特地区生态恢复显著

色石漠化治理模式：针对石漠化严重地区人口密度远超其生态承载能力的问题，创建了生态移民—特色生态衍生产业培育的科技扶贫长效机制，实现了扶贫开发的可持续性，受到联合国教科文组织专家的高度认可，形成了石漠化治理与生态衍生产业发展有机结合的"肯福模式"，入选全球减贫最佳案例（图7.9，王克林等，2020）。针对严重干旱胁迫、中度强度石漠化面积大、残存植被结构差等问题，建立了以特色经果—立体农业、水利水保优

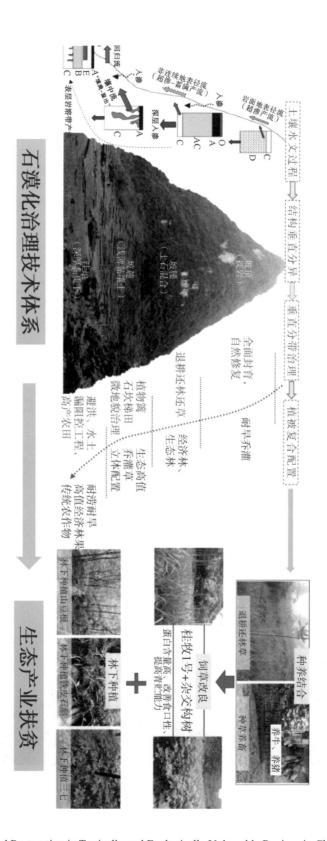

图7.9 广西环江石漠化治理与扶贫开发的协同模式

化配套与极度干旱应急调控为核心的石漠化治理的"花江模式"。根据喀斯特山区立体特点和水热条件，探索形成了水资源开发和综合利用、植被恢复、特色经济林果、水土保持等集成的石漠化治理"果化模式"。滇桂黔石漠化集中分区脱贫成效显著，贫困县减少量位居全国 14 个集中连片特困区之首，截至 2020 年底，西南喀斯地区已消除绝对贫困人口约 2 900 万，对实现全球可持续发展目标 SDG1（消除贫困）做出了重要贡献。

4. 喀斯特景观资源保护取得显著成效，多处入选世界自然遗产地

由于丰富的生物多样性、奇异的地貌景观和洞穴等资源，喀斯特景观具有较高的美学、科学及保护价值，联合国教科文组织公布的世界自然遗产地名录中，有 50 个左右主要分布于喀斯特地区。由于易受人类活动影响，我国喀斯特景观保护一直是国内喀斯特研究的重点，特别是国家和世界地质公园、石漠化公园规划与建设成为近年来我国喀斯特景观保护的热点。目前，我国以喀斯特景观为主或为辅的国家地质公园有 32 家，占国家地质公园的23.2%，入选世界地质公园的有 11 处。同时，鉴于我国南方喀斯特地区为喀斯特特征和地貌景观的最好范例，完全满足世界自然遗产的美学和地质地貌标准，有潜力满足生态过程和生物多样性标准以及完整性和保护管理要求，因此云南石林喀斯特、贵州荔波喀斯特、重庆武隆喀斯特、广西桂林喀斯特、

图7.11 广西环江喀斯特地貌景观

贵州施秉喀斯特、重庆金佛山喀斯特、广西环江喀斯特（图 7.11）已被分两批列入世界自然遗产，显著提升了我国西南喀斯特景观的全球价值和重要性，成为喀斯特生态文明建设的国际品牌。

三、西南喀斯特地区石漠化综合治理与恢复的前景及展望

当前石漠化发展的趋势已发生逆转，石漠化治理已实现面积持续减少与程度显著改善的阶段性成果。在国家"保护优先、自然恢复为主"的方针及"加大生态系统保护力度、实施重要生态系统修复工程、加强石漠化综合治理"的背景下，如何通过生态治理将喀斯特地区的生态资源优势转化为发展优势，提高生态恢复质量、巩固扶贫成果、增强生态恢复与扶贫开发的可持续性已成为当前喀斯特生态保护与恢复所面临的现实需求。在植被覆盖度快速增加和喀斯特生态系服务功能初步恢复的基础上，如何实现石漠化治理的提质与增效，实现喀斯特绿水青山转变为金山银山的转换已成为当前喀斯特生态治理面临的重大挑战。

2020 年，《全国重要生态系统保护和修复重大工程总体规划（2021—2035 年）》发布实施，进一步明确了未来 15 年长江上中游及湘桂石漠化综合治理任务，目标为治理石漠化 3.94 万 km^2。我国生态保护与修复亟须从主要追求植被覆盖度增加转向提升生态系统服务与区域发展质量，进入生态系统服务功能的全面提升和特色产业融合发展的新阶段，促进生态系统质量的整体改善和生态产品供给能力的全面增强。因此，石漠化治理应进入巩固（加强监管、补短板）、提升（提升生态服务功能、提高社会经济效益）阶段，石漠化治理面临转型。

（一）统筹贫困区域整体性治理与系统修复

坚持生态优先，推进绿色发展，要牢固树立绿水青山就是金山银山的理念，从生态系统要素修复、单一生态系统修复为主转向贫困区域整体治理与高质量发展。在统筹考虑生态系统完整性、自然地理单元的连续性、物种栖息地的连通性及社会经济发展可持续性的基础上，系统布局山上山下、地上地下以及流域上中下游的生态系统保护与修复工作，改变治山、治水、护田等各自为战和生态保护与修复工作中条块分割、碎片化等问题，提高生态修复的效率，全面增强生态系统的质量、稳定性和优质生态产品的供给能力。在石漠化综合治理工程建设内容方面，在以小流域为核心的基础上，重视区域整体治理与绿色发展，开展大规模低效人工林改造与重建、喀斯特石山坡麓灌木林提质改造、林冠下造林、生态经济型林草筛选、林下经济及特色经济林果药等生态衍生产业发展、国家石漠公园建设，拓展石漠化区域极为有限土地资源可持续利用与喀斯特景观资源保育的途径，推动喀斯特石漠化地区山水林田湖草一体化保护与修复。

（二）提升生态治理与社区发展的协同性

喀斯特石漠化区域生态恢复除了受到国家生态保护与建设的积极影响外，外出务工、城镇化发展、贫困减缓等社会共同治理模式，也缓解了高强度的人口压力，减轻了对土地的直接依赖，促进了区域生态恢复。然而，由于大规模人口迁徙与流动，石漠化区域常住人口大量减少，社区发展面临着农村空心化甚至荒废化，农村劳动力非农化问题突出、老弱化严重，石漠化治理与社区发展的矛盾突出。高强度农业耕作向大规模自然恢复与人工造林转变背景下，亟须从侧重自然生态系统研究转向自然社会经济系统的耦合与反馈，提出适度发展与生态保护有机结合的石漠化区域可持续发展的社会生态系统综合解决方案，提升生态治理与社区发展的协同性，为喀斯特地区高质量绿色发展与南方生态屏障带建设提供科技支撑。

（三）发展可持续生态衍生产业

在消除深度贫困的基础上，要巩固脱贫攻坚成果，防止返贫和产生新的贫困，要继续推进全面脱贫与乡村振兴有效衔接，推动减贫战略和工作体系平稳转型，统筹纳入乡村振兴战略。根据《乡村振兴战略规划（2018—2022年）》，乡村振兴的重点和基础是发展产业，要充分挖掘生态脆弱区生态资源优势，着眼于优化特色第一产业，在此基础上发展第二、三产业，推动第一、二、三产业融合发展，实现农民生计的可持续改善。将生态资源优势转化为社会经济发展优势，提出绿水青山转变为金山银山的产业发展模式与转换机制，提升区域整体生态系统服务能力。

（四）建设喀斯特山水林田湖草沙一体化保护与恢复的先行试验区

将山水林田湖草沙作为生命共同体，以提升生态系统的质量和稳定性为目标，提出"美丽中国"建设的系统性解决方案，成为新时期国家生态文明建设战略迫切的科技需求。统筹山水林田湖草的一体化保护与恢复，强化治理的系统性和整体性，亟须从典型生态系统的要素修复示范转向不同生态系统的关联及区域整体治理，对不同喀斯特类型区研发集成具有针对性与适宜性的石漠化综合治理技术，强化不同石漠化治理措施的合理搭配、地质背景制约下不同类型区的林草空间配置，提升石漠化治理技术与模式的稳定性与可持续性。同时，进一步拓展示范应用的规模，由原有典型小流域治理示范向条带—网络布局的区域整体治理与系统修复转变，并注重与区域可持续发展、巩固拓展脱贫攻坚成效、乡村振兴的有机结合，进一步强化石漠化治理与生态衍生产业发展的协同，建设喀斯特地区山水林田湖草一体化保护与修复的先行试验区。

主要参考文献

安慧，李国旗，2013. 放牧对荒漠草原植物生物量及土壤养分的影响［J］. 植物营养与肥料学报，19（3）：705-712.

白先发，高建恩，贾立志，等，2015. 极端暴雨条件下黄土区典型梯田防蚀效果研究［J］. 水土保持研究，22（3）：10-15.

白永飞，潘庆民，邢旗，2016. 草地生产与生态功能合理配置的理论基础与关键技术［J］. 科学通报，61：201-212.

白永飞，赵玉金，王扬，等，2020. 中国北方草地生态系统服务评估和功能区划助力生态安全屏障建设［J］. 中国科学院院刊，35：675-689.

曹春香，2017. 典型脆弱区生态环境综合评价［M］. 北京：科学出版社.

曹建华，袁道先，章程，等，2004. 受岩溶地质背景制约的中国西南岩溶生态系统［J］. 地球与环境，32（1）：1-8.

常学礼，赵学勇，王玮，等，2013. 科尔沁沙地湖泊消涨对气候变化的响应［J］. 生态学报，33（21）：2007-2012.

陈翔，邢旗，张健，等，2019. 乌拉盖沙化草原治理技术研究与效果监测［J］. 草原与草业，31（1）：20 - 25.

陈亚宁，2002. 新疆山川秀美科技行动战略研究［M］. 乌鲁木齐：新疆人民出版社.

陈亚宁，陈亚鹏，朱成刚，等，2019. 西北干旱荒漠区生态系统可持续管理理念与模式［J］. 生态学报，39（20）：7410-7417.

陈怡平，张义，2019. 黄土高原丘陵沟壑区乡村可持续振兴模式［J］. 中国科学院院刊，34（6）：708-716.

陈志杰，白永平，周亮，2020. 高寒山地生态脆弱区聚落空间格局特征及

成因识别——以天祝藏族自治县为例［J］.生态学报，40（24）：9059–9069.

傅伯杰，刘国华，欧阳志云，等，2013.中国生态区划研究［M］.北京：科学出版社.

傅伯杰，于丹丹，吕楠，2017.中国生物多样性与生态系统服务评估指标体系［J］.生态学报，37（2）：341–348.

傅伯杰，2021.国土空间生态修复亟待把握的几个要点［J］.中国科学院院刊，36（1）：64–69.

国家发展和改革委员会农业部，水利部，2010.黄土高原地区综合治理规划大纲（2010—2030年）［R/OL］.（2010–12–30）［2021–04–07］.http：//www. gov. cn/zwgk/2011–01/17/content_1786454. htm.

国家发展和改革委员会，2015.全国主体功能区规划［M］.北京：人民出版社.

韩锦辉，赵文晋，杨天通，等，2018.基于改进TOPSIS法的东北农牧交错区土地可持续利用评价及障碍因子诊断［J］.水土保持研究，25（3）：279–284.

何霄嘉，王磊，柯兵，等，2019.中国喀斯特生态保护与修复研究进展［J］.生态学报，39（18）：6577–6585.

贾立志，高建恩，张元星，等，2014.黄土丘陵沟壑区梯田暴雨侵蚀状况及规律分析［J］.水土保持研究，21（4）：7–11.

金钊，2019.走进新时代的黄土高原生态恢复与生态治理［J］.地球环境学报，10（3）：316–322.

李昂，王扬，薛建国，等，2019.北方风沙区生态修复的科学原理、工程实践和恢复效果［J］.生态学报，39（20）：7452–7462.

李辉霞，刘国华，傅伯杰，2011.基于NDVI的三江源地区植被生长对气候变化和人类活动的响应研究［J］.生态学报，31（19）：5495–5504.

李敏，张长印，王海燕，2019.黄土高原水土保持治理阶段研究［J］.中国水土保持科学，2：1–3.

李平星，樊杰，2014. 基于VSD模型的区域生态系统脆弱性评价——以广西西江经济带为例［J］. 自然资源学报，29（5）：779–788.

李相儒，金钊，张信宝，等，2015. 黄土高原近60年生态治理分析及未来发展建议［J］. 地球环境学报，6（4）：248–254.

李秀彬，1996. 全球环境变化研究核心：土地利用/土地覆被变化的国际研究方向［J］. 地理学报，51（6）：553–557.

李志，赵西宁，2013. 1961—2009年黄土高原气象要素的时空变化分析［J］. 自然资源学报，28（2）：287–299.

李宗善，杨磊，王国梁，等，2019. 黄土高原水土流失治理现状、问题及对策［J］. 生态学报，39（20）：7398–7409.

刘国彬，上官周平，姚文艺，等，2017. 黄土高原生态工程的生态成效［J］. 中国科学院院刊，32（1）：11–19.

刘吉平，赵丹丹，田学智，等，2014. 1954—2010年三江平原土地利用景观格局动态变化及驱动力［J］. 生态学报，34（12）：3234–3244.

刘纪远，宁佳，匡文慧，等，2018. 2010—2015年中国土地利用变化的时空格局与新特征［J］. 地理学报，73（5）：789–802.

刘纪远，张增祥，徐新良，等，2009. 21世纪初中国土地利用变化的空间格局与驱动力分析［J］. 地理学报，64（12）：1411–1420.

刘军会，邹长新，高吉喜，等，2015. 中国生态环境脆弱区范围界定［J］. 生物多样性，23（6）：725–732.

刘亚玲，邢旗，王瑞珍，等，2018. 锡林郭勒草原生态修复技术体系探讨［J］. 草原与草业，30（4）：13–19.

刘彦随，陈宗峰，李裕瑞，等，2017. 黄土丘陵沟壑区饲料油菜种植试验及其产业化前景——以延安治沟造地典型项目区为例［J］. 自然资源学报，32（12）：2065–2074.

吕一河，傅伯杰，2011. 旱地、荒漠和荒漠化：探寻恢复之路——第三届国

际荒漠化会议述评［J］.生态学报，31（1）：293–295.

马骏，李昌晓，魏虹，等，2015.三峡库区生态脆弱性评价［J］.生态学报，35（21）：7117–7129.

牛文元，1989.生态环境脆弱带Ecotone的基础判定［J］.生态学报，9（2）：97–105.

牛亚琼，王生林，2017.甘肃省脆弱生态环境与贫困的耦合关系［J］.生态学报，37（19）：6431–6439.

潘庆民，薛建国，陶金，等，2018.中国北方草原退化现状与恢复技术［J］.科学通报，63：1642–1650.

彭建，蔡运龙，何钢，等，2007.喀斯特生态脆弱区猫跳河流域土地利用/覆被变化研究［J］.山地学报，25（5）：566–576.

祁新华，叶士琳，程煜，等，2013.生态脆弱区贫困与生态环境的博弈分析［J］.生态学报，33（19）：6411–6417.

冉圣宏，金建君，曾思育，2001.脆弱生态区类型划分及其脆弱特征分析［J］.中国人口·资源与环境，11（4）：73–74.

邵明安，贾小旭，王云强，等，2016.黄土高原土壤干层研究进展与展望［J］.地球科学进展，31（1）：14–22.

邵全琴，樊江文，刘纪远，等，2016.三江源生态保护和建设一期工程生态成效评估［J］.地理学报，71（1）：3–20.

邵全琴，樊江文，刘纪远，等，2017.重大生态工程生态效益监测与评估研究［J］.地球科学进展，32（11）：1174–1182.

史培军，严平，高尚玉，等，2000.我国沙尘暴灾害及其研究进展与展望［J］.自然灾害学报，9（3）：71–77.

舒若杰，高建恩，赵建民，2006.黄土高原生态分区探讨［J］.干旱地区农业研究，24（3）：143–148.

宋开山，刘殿伟，王宗明，等，2008.1954年以来三江平原土地利用变化及驱动力［J］.地理学报，63（1）：93–104.

宋一凡，郭中小，卢亚静，等，2017.一种基于SWAT模型的干旱牧区生态脆弱性评价方法——以艾布盖河流域为例［J］.生态学报，37（11）：3805-3815.

苏大学，1994.中国草地资源的区域分布与生产力结构［J］.草地学报，2（1）：71-77.

孙康慧，曾晓东，李芳，2019.1980—2014年中国生态脆弱区气候变化特征分析［J］.气候与环境研究，24（4）：455-468.

孙晓萌，彭本荣，2014.中国生态修复成效评估方法研究［J］.环境科学与管理，39（7）：153-157.

唐克丽，2004.中国水土保持［M］.北京：科学出版社.

王聪，伍星，傅伯杰，等，2019.重点脆弱生态区生态恢复模式现状与发展方向［J］.生态学报，39（20）：7333-7343.

王克林，岳跃民，马祖陆，等，2016.喀斯特峰丛洼地石漠化治理与生态服务提升技术研究［J］.生态学报，36（22）：7098-7102.

王克林，岳跃民，陈洪松，等，2019.喀斯特石漠化综合治理及其区域恢复效应［J］.生态学报，39（20）：7432-7440.

王克林，岳跃民，陈洪松，等，2020.科技扶贫与生态系统服务提升融合的机制与实现途径［J］.中国科学院院刊，35（10）：1264-1272.

王睿，洪菊花，骆华松，等，2020.典型生态脆弱区生态环境与贫困耦合分析［J］.水土保持通报，40（3）：125-132.

王涛，朱震达，2001.中国北方沙漠化的若干问题［J］.第四纪研究，21（1）：56-65.

王晓东，蒙吉军，2014.土地利用变化的环境生态效应研究进展［J］.北京大学学报（自然科学版），50（6）：1133-1140.

王小广，1994.生态脆弱区农业经济发展模式及对策研究：以四川攀西地区为例［J］.生态农业研究，2（1）：24-30.

王亚茹，赵雪雁，张钦，等，2017.高寒生态脆弱区农户的气候变化适应策

略评价——以甘南高原为例［J］．生态学报，37（7）：2239-2402．

吴丹丹，蔡运龙，2009．中国生态恢复效果评价研究综述［J］．地理科学进展，28（4）：622-628．

夏四友，赵媛，文琦，等，2019．喀斯特生态脆弱区贫困化时空动态特征与影响因素——以贵州省为例［J］．生态学报，39（18）：6869-6879．

肖笃宁，2003．生态脆弱区的生态重建与景观规划［J］．中国沙漠，23（3）：6-11．

许尔琪，张红旗，2012．中国生态脆弱区土地可持续利用评价研究［J］．中国农业资源与区划，33（3）：1-6．

徐广才，康慕谊，贺丽娜，等，2009．生态脆弱性及其研究进展［J］．生态学报，29（5）：2578-2588．

徐苏，张永勇，窦明，等，2017．长江流域土地利用时空变化特征及其径流效应［J］．地理科学进展，36（4）：426-436．

严恩萍，林辉，王广兴，等，2014．1990—2011年三峡库区生态系统服务价值演变及驱动力［J］．生态学报，34（20）：5962-5973．

鄢继尧，赵媛，2020．近三十年我国生态脆弱区研究热点与展望［J］．南京师大学报（自然科学版），43（3）：1-12．

杨飞，马超，方华军，2019．脆弱性研究进展：从理论研究到综合实践［J］．生态学报，39（2）：441-453．

杨兆平，高吉喜，周可新，等，2013．生态恢复评价的研究进展［J］．生态学杂志，32（9）：2494-2501．

杨振山，张富荣，王洪，2020．中国生态脆弱区的差异及绿色发展途径分析［J］．生态环境学报，29（6）：1071-1077．

袁道先，蒋勇军，沈立成，等，2016．现代岩溶学［M］．北京：科学出版社．

袁吉有，欧阳志云，郑华，等，2011．中国典型脆弱生态区生态系统管理初步研究［J］．中国人口·资源与环境，21（3）：97-99．

张洪江，2008. 土壤侵蚀原理［M］. 北京：中国林业出版社.

张骞，马丽，张中华，等，2019. 青藏高寒区退化草地生态恢复：退化现状、恢复措施、效应与展望［J］. 生态学报，39（20）：7441-7451.

张青峰，2009. 黄土高原生态经济分区的研究［J］. 中国生态农业学报，17（5）：1023-1028.

张新荣，刘林萍，方石，等，2014. 土地利用、覆被变化（LUCC）与环境变化关系研究进展［J］. 生态环境学报，23（12）：2013-2021.

张新时，唐海萍，董孝斌，等，2016. 中国草原的困境及其转型［J］. 科学通报，61：165-177.

张学玲，余文波，蔡海生，等，2018. 区域生态环境脆弱性评价方法研究综述［J］. 生态学报，38（16）：5970-5981.

张雪梅，祁向坤，岳跃民，等，2020. 喀斯特峰丛洼地石漠化治理自然地域分区［J］. 生态学报，40（16）：5490-5501.

张瑶瑶，鲍海君，余振国，2020. 国外生态修复研究进展评述［J］. 中国土地科学，34（7）：106-114.

张毅茜，冯晓明，王晓峰，等，2019. 重点脆弱生态区生态恢复的综合效益评估［J］. 生态学报，39（20）：7367-7381.

张英俊，周冀琼，2018. 我国草原现状及生产力提升［J］. 民主与科学，3：26-28.

赵锐锋，陈亚宁，李卫红，等，2009. 塔里木河干流区土地覆被变化与景观格局分析［J］. 地理学报，64（1）：95-106.

赵雪雁，薛冰，2016. 高寒生态脆弱区农户对气候变化的感知与适应意向——以甘南高原为例［J］. 应用生态学报，27（7）：2329-2339.

赵跃龙，刘燕华，1994. 中国脆弱生态环境类型划分及其范围确定［J］. 云南地理环境研究，6（2）：34-44.

甄霖，胡云锋，魏云洁，等，2019. 典型脆弱生态区生态退化趋势与治理技术需求分析［J］. 资源科学，41（1）：63-74.

甄霖，谢永生，2019.典型脆弱生态区生态技术评价方法及应用专题导读〔J〕.生态学报，39（16）：5747-5754.

中国国家林业局，2015.第五次全国荒漠化和沙化监测结果〔R〕北京：中国荒漠化和沙化状况公报.

朱国锋，秦大河，任贾文，等，2015.山区牧民对极端气候事件的感知与适应——基于祁连山区少数民族乡的调查〔J〕.气候变化研究进展，11（5）：371-378.

朱显谟，1998.黄土高原国土整治"28字方略"的理论与实践〔J〕.中国科学院院刊，13（3）：232-236.

朱震达，赵兴梁，凌裕泉，等，1998.治沙工程学〔M〕.北京：中国环境科学出版社.

邹长新，王燕，王文林，等，2018.山水林田湖草系统原理与生态保护修复研究〔J〕.生态与农村环境学报，34（11）：961-967.

ARONSON J, ALEXANDER S, 2013. Ecosystem restoration is now a global priority：time to roll up our sleeves〔J〕. Restoration Ecology, 21（3）：293-296.

ARONSON J, BLIGNAUT J N, Milton S J, et al., 2010. Are socioeconomic benefits of restoration adequately quantified? A meta-analysis of recent papers（2000-2008）in restoration ecology and 12 other scientific journals〔J〕. Restoration Ecology, 18（2）：143-154.

BAI Y F, WU J G, CLARK C M, et al., 2010. Tradeoffs and thresholds in the effects of nitrogen addition on biodiversity and ecosystem functioning：evidence from Inner Mongolia Grasslands〔J〕. Global Change Biology, 16：358-372.

BRANDT M, YUE Y M, WIGNERON J P, et al., 2018. Satellite-observed major greening and biomass increase in South China karst during recent decade〔J〕. Earth's Future, 6（7）：1017-1028.

BRYAN B A, GAO L, YE Y Q, et al., 2018. China's response to a national land-system sustainability emergency [J]. Nature, 559 (7713): 193-204.

CHEN L Y, LI H, ZHANG P J, et al., 2015. Climate and native grassland vegetation as drivers of the community structures of shrub-encroached grasslands in Inner Mongolia, China [J]. Landscape Ecology, 30 (9): 1627-1641.

CHEN Y N, WANG Q, LI W H, et al., 2006. Rational groundwater table indicated by the eco-physiological parameters of the vegetation: a case study of ecological restoration in the lower reaches of the Tarim River [J]. Chinese Science Bulletin, 51 (Suppl 1): 8-15.

CHOPRA K, LEEMANS R, KUMAR P, et al., 2005. Ecosystems and Human Well-being: Policy Response [M]. Washington DC: Island Press.

FENG X M, FU B J, LU N, et al., 2013. How ecological restoration alters ecosystem services: an analysis of carbon sequestration in China's Loess Plateau [J]. Scientific Reports, 3, 2846, doi: 10. 1038/Srep02846.

FU B J, 1989. Soil-erosion and its control in the Loess Plateau of China [J]. Soil Use and Management, 5 (2): 76-82.

FU B J, WANG S, LIU Y, et al., 2017. Hydrogeomorphic ecosystem responses to natural and anthropogenic changes in the Loess Plateau of China [J]. Annual Review of Earth and Planetary Sciences, 45: 223-243.

HAO X M, CHEN Y N, Li W H, 2019. Indicating appropriate groundwater tables for desert river-bank forest at the Tarim River, Xinjiang, China [J]. Environmental Monitoring and Assessment, 152: 167-177.

HILLEBRAND H, GRUNER D S, BORER E T, et al., 2007. Consumer versus resource control of producer diversity depends on ecosystem type and producer community structure [J]. Proceedings of the National Academy of Sciences, 104: 10904-10909.

HOLLAND M M, 1988. SCOPE/MAB technical consultations on landscape boundaries: Report of a SCOPE/MAB workshop on ecotones [J]. Biology International, 17: 47-106.

JIANG G, HAN X, WU J, 2006. Restoration and management of the Inner Mongolia grassland require a sustainable strategy [J]. AMBIO, 35 (5): 269-270.

JIANG Z H, 2008. Best practices for land degradation control in dryland areas of China: PRC-GEF partnership on land degradation in dryland ecosystems China-land degradation assessment in dry-lands [M]. Beijing: China Forestry Publishing House.

LAL R, LORENZ K, HÜTTL R F, et al., 2012. Recarbonization of the Biosphere: Ecosystems and the global carbon cycle [M]. Dordrecht: Springer Science & Business Media.

LAN Z C, BAI Y F, 2012. Testing mechanisms of N-enrichment-induced species loss in a semiarid Inner Mongolia grassland: critical thresholds and implications for long-term ecosystem responses [J]. Philosophical Transactions of the Royal Society B: Biological Sciences, 367: 3125-3134.

LI W H, ZHOU H H, FU A H, et al., 2013. Ecological response and hydrological mechanism of desert riparian forest in inland rive, northwest of China [J]. Ecohydrology, 6: 949-955.

LI Z, CHEN Y N, LI W H, et al., 2015. Potential impacts of climate change on vegetation dynamics in Central Asia [J]. Journal of Geophysical Research: Atmospheres, 120 (24): 12345-12356.

LIU G B, 1999. Soil conservation and sustainable agriculture on the Loess Plateau: Challenges and prospects [J]. Ambio, 28 (8): 663-668.

LU F, HU H F, SUN W J, et al., 2018. Effects of national ecological restoration projects on carbon sequestration in China from 2001 to 2010 [J].

Proceedings of the National Academy of Sciences of the United States of America，115（16）：4039-4044.

MACIAS-FAURIA M，2018. Satellite images show China going green［J］. Nature，553（7689）：411-413.

SUDING K，HIGGS E，PALMER M，et al.，2015. Committing to ecological restoration［J］. Science，348（6235）：638-640.

TONG X W，BRANDT M，YUE Y M，et al.，2018. Increased vegetation growth and carbon stock in China karst via ecological engineering［J］. Nature Sustainability，1（1）：44-50.

TONG X W，BRANDT M，YUE Y M，et al.，2020. Forest management in southern China generates short term extensive carbon sequestration［J］. Nature Communications，11：129.

UNDP，2015. UNDP in Focus 2014/2015-Time for Global Action［M］. New York：UNDP.

UNEP，2014. UNEP Yearbook 2014：Emerging Issues in Our Global Environment［M］. Nairobi：UNEP.

ZHAO W Z，CHANG X X，CHANG X L，et al.，2018. Estimating water consumption based on meta-analysis and MODIS data for an oasis region in northwestern China［J］. Agricultural Water Management，208（9）：478-489.

Abstract

Although a crucial objective of ecosystem management should be the avoidance of degradation at the beginning, an unfortunate truth is that ecosystems have been substantially exploited, degraded and destroyed in the last century as a result of the global increase in economic and societal prosperity (Suding, 2011). More than 60% of ecosystems have been converted for human use or degraded through unsustainable harvest, pollution, fragmentation or exotic species invasions (Millennium Ecosystem Assessment, 2005). As these influences increasingly compromise environmental sustainability, human health, biodiversity and food security, the restoration of degraded ecosystems is becoming a primary focus of natural resource management for both policy makers and scientists (Harris et al., 2006; Wortley et al., 2013).

Ecological fragile areas or ecotones are usually the transitional regions between two different types of ecosystems. Ecological fragile areas are inherently unstable and readily damaged and disturbed by external stress factor. China has a vast territory, complex natural and geographical conditions and a long history of human activities, which leads to the characteristics of multiple types, wide range and rapid temporal and spatial evolution of ecological fragile areas. Moreover, China is also one of the countries with the largest area and the most types of ecological fragile areas in the world. According to the National Plan for Major Functional Zones issued by the National Development and Reform Commission (NDRC) in 2015, the area of moderately degraded and ecologically fragile areas in China accounts for about 55% of the total land area.

Desertification, soil erosion and rocky desertification are mainly concentrated in northwest and southwest China, accounting for about 22% of the country's total land area. As of 2014, desertification accounted for 27.2% of the total land area, which was distributed in 18 provinces, according to the fifth National Bulletin on desertification. In recent decades, due to the impact of climate change and excessive human disturbance, vegetation degradation in some ecologically fragile areas has been obvious, soil erosion intensity has increased, and the problems of water and soil loss have become serious. In addition, ecologically fragile areas in China are also prone to sandstorms, mudslides, landslides, floods and other natural disasters, resulting in economic losses of hundreds of billions of Yuan each year. Moreover, the natural disaster loss rate increases by about 9% annually, generally higher than the GDP growth rate in ecologically fragile areas, which aggravates the regional poverty. As a result, approximately 90% of China's residents with extremely low incomes live in areas with fragile ecological environments.

In addition to the fragile ecological background, the excessive disturbance of human activities is another main reason for the ecological degradation and the fragile natural environment in the ecological fragile areas of China. China spans 5 climatic zones, and the terrain is dominated by mountains and plateaus, which makes the spatial distribution of water and heat resources in China extremely uneven, resulting in large areas of desertification in the north, water erosion and karst in the south, and accompanied by serious soil erosion. In addition, China feeds 22% of the world's population with resources, such as 9% of the world's arable land, 6% of the world's fresh water and 4% of the world's forests. The prominent contradiction between human and land has become one of the main reasons for the degradation of ecologically fragile areas in China.

For example, some grasslands have degraded due to long-term overgrazing, excessive reclamation has led to land desertification in arid areas, and excessive deforestation has led to frequent natural disasters and large-scale soil erosion. Moreover, the long-term extensive economic growth model and weak ecological protection awareness and supervision capacity have further aggravated the deterioration of the environment and increased the cost and difficulty of ecological management and restoration in ecological fragile areas.

Ecological restoration, which aims to restore the over-exploited or degraded ecosystems, has been a crucial approach to mitigate human pressures on natural ecosystems and to enhance ecosystem services (Holl et al., 2003 ; Feng et al., 2013). Although a large number of restoration practices have been widely incorporated into natural resource strategies from the local to global scales, there are still uncertainties as to how effective restoration programs actually are (Suding, 2011 ; Wortley et al., 2013). Moreover, few countries face ecosystem degradation problems as severe as those in China (Ma et al., 2013). In view of the ecological problems in different ecological fragile areas, China has launched a number of major ecological restoration and construction projects since the 1970s, such as Natural Forest Protection Project, Grain for Green Project, Three-North Shelterbelt Forest Project, Beijing-Tianjin Sandstorm Source Control Project, and Returning Grazing Lands to Grasslands Project. These projects have effectively curbed the expansion trend of rocky desertification, soil erosion and desertification in ecological fragile areas. According to the results of Zhen et al. (2019), as of 2014, 22.1% of the degraded areas in China have undergone degradation reversals, while 11.5% of the degraded areas have experienced degradation aggravation, and the remaining areas show a trend of stable degradation. During the practice of ecological restoration programs, China has also successively carried out mechanism and demonstration studies on ecological restoration in the arid region of Northwest China, comprehensive management of soil erosion on the Loess Plateau, and ecological restoration in karst areas in South China, forming a series of ecological management models and restoration technologies. According to statistics, since the Tenth Five-Year Plan, China has researched and developed 214 key technologies, 64 technology models and more than 100 technology systems, summarized and optimized the best technology cases, and carried out comprehensive governance and restoration of degraded ecosystems in ecologically fragile areas. Among them, some technologies in soil erosion, desertification and rocky desertification control are well known in the world. The afforestation technology, biological fence technology and water-saving and soil-saving technology developed under drought conditions have been widely used (Zhen et al., 2019). In addition, aiming at the needs of regional economic development and farmers' income increase in ecologically fragile areas, a series of ecological derivative industries have been gradually developed, which have become the emerging industries that drive the economic growth of some regions (Yang et al., 2020). The research and development of ecological management and restoration technologies in ecologically fragile areas has gradually transformed from a single goal to a composite model that takes into account ecological, social and economic benefits. Comprehensive management technologies and model integration have become the main measures of current ecological restoration (Zhen et al., 2019; Wang et al., 2019).

Due to the severity of the environmental problems that China encountered and the large sums of investment being spent, it is essential to evaluate the efficiency of these ecological restoration programs. Therefore, appropriate monitoring is necessary for investigating the comprehensive effects of these programs that have not been fully understood. Although some achievements have been made in ecological management and restoration of ecologically fragile areas in China, different ecologically fragile areas have significant differences in natural environment, uneven regional social and economic development, and varied types and intensities of human disturbance. Therefore, different regions are facing different ecological problems and ecological management and restoration emphases. In addition, the development and application of ecological management and restoration technologies in China have been closely related to major national ecological restoration projects for a long time. Aiming at different ecological problems in different stages of development and different regions in China, a large number of ecological technologies have been developed and introduced. However, from the view of application, the research on ecological technology and its theory has long lagged behind the actual demand. On the one hand, repeated investment in technology research and development has caused a waste of funds; on the other hand, the results of ecological restoration cannot be stabilized, and there will be a rebound after the completion of the restoration project (Zhen and Xie, 2019). Therefore, in view of the existing problems during the ecological management and restoration in ecological fragile areas in China, it is necessary to systematically sort out the ecological management and restoration technologies and their development levels in different ecological fragile areas, evaluate their comprehensive benefits and applicability, and discuss the prospects of ecological management and restoration in typical ecological fragile areas, so as to provide a scientific basis for further research on ecological fragile areas, optimize the ecological management and restoration technology system, and improve the implementation effect and application of related technologies.

In this book, we mainly introduce the major ecological problems, the existing experience and technologies, some achievements and future challenges in ecological management and restoration of the typically ecological fragile areas in China. The book consists of seven chapters. Chapter 1 mainly introduces the status quo and characteristics of China's ecological fragile areas, systematically summarizes the research hotspots and progress and discusses the development direction and trend of research in China's ecological fragile areas. Chapter 2 briefly introduces the eco-environmental and socio-economic conditions of typical ecologically fragile areas in China, and comprehensively evaluates the benefits of ecological restoration activities in ecological fragile areas during recent decades by building and using several related evaluation indexes. From Chapter 3 to Chapter 7, five typical ecologically fragile regions in China (The grasslands in North China, The Loess Plateau, The arid desert region in Northwest China, The Qinghai-Tibet Plateau and The karst region in Southwest China) are systematically described in terms of their main ecological problems and ecological zones, the current main measures and effects of ecological management and restoration, and the prospects of research and restoration activities in these regions in the future. We believe that this book can not only provide some useful information about the ecological management and restoration in the typical ecologically fragile areas in China, but can also be used for a better assessment of the effects of future climate and human activities on the ecological management and restoration in these regions.

We finally express our sincere gratitude to all the authors of this book.

Bojie Fu

March, 2021